全国二级造价工程师职业资格考试辅导用书

建设工程计量与计价实务(土木建筑工程)一题一分一考点

全国二级造价工程师职业资格考试辅导用书编写委员会　编写

中国建筑工业出版社

图书在版编目（CIP）数据

建设工程计量与计价实务（土木建筑工程）一题一分一考点/全国二级造价工程师职业资格考试辅导用书编写委员会编写. —北京：中国建筑工业出版社，2019.7

全国二级造价工程师职业资格考试辅导用书

ISBN 978-7-112-23899-6

Ⅰ.①建… Ⅱ.①全… Ⅲ.①土木工程-建筑造价管理-资格考试-自学参考资料 Ⅳ.①TU723.3

中国版本图书馆 CIP 数据核字（2019）第 129339 号

本书以新考试大纲为依据，结合权威的考试信息，将考试的各个高频考点高度提炼，力图在同一道题目中充分体现考核要点的关联性和预见性，并以此提高考生的学习效率。

本书的内容包括专业基础知识、工程计量、工程计价、工程计量与计价案例分析四部分，每一部分均精心设置了可考题目和可考题型，并对每一个考点都进行了详细说明。此外，本书还为考生介绍了考试相关情况说明、备考复习指南、答题方法解读、填涂答题卡技巧及如何学习本书等方面的参考信息，同时附有两套预测试卷和答案，并赠送增值服务。

本书可供参加全国二级造价工程师职业资格考试的考生学习和参考使用。

责任编辑：曹丹丹　张伯熙

责任校对：李欣慰

全国二级造价工程师职业资格考试辅导用书

建设工程计量与计价实务（土木建筑工程）一题一分一考点

全国二级造价工程师职业资格考试辅导用书编写委员会　编写

*

中国建筑工业出版社出版、发行（北京海淀三里河路 9 号）

各地新华书店、建筑书店经销

北京鸿文瀚海文化传媒有限公司制版

廊坊市海涛印刷有限公司印刷

*

开本：787×1092 毫米　1/16　印张：13½　字数：324 千字

2019 年 8 月第一版　2020 年 4 月第二次印刷

定价：**42.00** 元（含增值服务）

ISBN 978-7-112-23899-6

（35451）

编写委员会

葛新丽　高海静　梁　燕　吕　君
董亚楠　阎秀敏　孙玲玲　张　跃
臧耀帅　何艳艳　王丹丹　徐晓芳

前　言

在项目投资多元化、提倡建设项目全过程造价管理的今天，造价工程师的作用和地位无疑日趋重要。为了帮助参加二级造价工程师职业资格考试的考生准确地把握考试重点并顺利通过考试，我们组成了编写组，以考试大纲为依据，结合权威的考试信息，提炼大纲要求掌握的知识要点，遵循循序渐进、各个击破的原则，精心筛选和提炼，去粗取精，力求突出重点，编写了“全国二级造价工程师职业资格考试辅导用书”。

本套丛书包括《建设工程造价管理基础知识一题一分一考点》《建设工程计量与计价实务（土木建筑工程）一题一分一考点》《建设工程计量与计价实务（安装工程）一题一分一考点》《建设工程计量与计价实务（交通运输工程）一题一分一考点》《建设工程计量与计价实务（水利工程）一题一分一考点》。

本套丛书特点主要体现在以下方面：

1.全面性。本书选择重要采分点编排考点，尽量一题涵盖所有相关可考知识点。并将每一考点所可能会出现的选项都整理呈现，对可能出现的错误选项做详细的说明。让考生完整系统地掌握重要考点。

2.独创性。本书中一个题目可以代替同类辅导书中的3～8个题目，同类辅导书限于篇幅的原因，原本某一考点可能会出6个题目，却只编写了2个题目，考生学习后未必可以全部掌握该考点，造成在考场答题时出现见过但不会解答的情况，本书可以解决这个问题。

3.指导性。针对计算型的选择题，本书不仅将正确答案的计算过程详细列出，而且还会告诉考生得出错误选项的计算过程错在哪里。

4.关联性。案例分析部分以考点为核心，并以典型例题列举体现，将例题中涉及的知识点进行重点解析，重点阐释各知识点的潜在联系，明示各种题型组合。

本套丛书是在作者团队的通力合作下完成的，相信我们的努力，一定会帮助考生轻松过关。

为了配合考生的备考复习，我们开通了答疑QQ群698804024（加群密码：助考服务），配备了专家答疑团队，以便及时解答考生所提的问题。

由于时间仓促，书中难免会存在不足之处，敬请读者批评指正。

考试相关情况说明

一、报考条件

<table>
<tr><th>报考科目</th><th>报考条件</th></tr>
<tr><td>考全科</td><td>凡遵守中华人民共和国宪法、法律、法规，具有良好的业务素质和道德品行，具备下列条件之一者，可以申请参加二级造价工程师职业资格考试：
（1）具有工程造价专业大学专科（或高等职业教育）学历，从事工程造价业务工作满2年；
具有土木建筑、水利、装备制造、交通运输、电子信息、财经商贸大类大学专科（或高等职业教育）学历，从事工程造价业务工作满3年。
（2）具有工程管理、工程造价专业大学本科及以上学历或学位，从事工程造价业务工作满1年；
具有工学、管理学、经济学门类大学本科及以上学历或学位，从事工程造价业务工作满2年。
（3）具有其他专业相应学历或学位的人员，从事工程造价业务工作年限相应增加1年</td></tr>
<tr><td>免考基础科目</td><td>（1）已取得全国建设工程造价员资格证书。
（2）已取得公路工程造价人员资格证书（乙级）。
（3）具有经专业教育评估（认证）的工程管理、工程造价专业学士学位的大学本科毕业生。
申请免考部分科目的人员在报名时应提供相应材料</td></tr>
</table>

二、考试科目、时长、题型、试卷分值

考试科目	考试时长	考试题型	试卷分值
建设工程造价管理基础知识	2.5小时	单项选择题、多项选择题	100分
建设工程计量与计价实务（土木建筑工程、安装工程、交通运输工程、水利工程）	3小时	单项选择题、多项选择题、案例分析题	100分

三、考试成绩管理

二级造价工程师职业资格考试成绩实行2年为一个周期的滚动管理办法，参加全部2个科目考试的人员必须在连续的2个考试年度内通过全部科目，方可取得二级造价工程师职业资格证书。

四、合格证书

二级造价工程师职业资格考试合格者，由各省、自治区、直辖市人力资源社会保障行政主管部门颁发中华人民共和国二级造价工程师职业资格证书。该证书由人力资源社会保障部

统一印制，住房城乡建设部、交通运输部、水利部按专业类别分别与人力资源社会部保障部用印，原则上在所在行政区域内有效。各地可根据实际情况制定跨区域认可办法。

五、注册

住房城乡建设部、交通运输部、水利部分别负责一级造价工程师注册及相关工作。各省、自治区、直辖市住房城乡建设、交通运输、水利行政主管部门按专业类别分别负责二级造价工程师注册及相关工作。

经批准注册的申请人，由各省、自治区、直辖市住房城乡建设、交通运输、水利行政主管部门核发《中华人民共和国二级造价工程师注册证》（或电子证书）。

六、执业

二级造价工程师主要协助一级造价工程师开展相关工作，可独立开展以下具体工作：

（1）建设工程工料分析、计划、组织与成本管理，施工图预算、设计概算编制；

（2）建设工程量清单、最高投标限价、投标报价编制；

（3）建设工程合同价款、结算价款和竣工决算价款的编制。

备考复习指南

关于二级造价工程师职业资格考试备考，很多考生都或多或少存在一些疑虑，也容易走弯路，在这里给大家准备了复习方法。

1. 制订学习计划——我们发现，有些考生尽管珍惜分分秒秒，但学习效果却不理想；有些考生学习时间似乎并不多，却记得牢，不易忘记。俗话说，学习贵有方，复习应有法。后者就是能在学习前制订学习计划，并能遵循学习规律，科学地组织复习。

2. 化整为零，各个击破——切忌集中搞“歼灭”战，要化整为零，各个击破，应分配在几段时间内，如几天、几周内，分段去完成任务。

3. 突击重要考点——考生要注意抓住重点进行复习。每门课程都有其必考知识点，这些知识点在每年的试卷上都会出现，只不过是命题形式不同罢了，可谓万变不离其宗。对于重要的知识点，考生一定要深刻把握，要能够举一反三，做到以不变应万变。

4. 通过习题练习巩固已掌握的知识——找一本好的复习资料进行巩固练习，好的资料应该按照考试大纲的内容，以考题的形式进行归纳整理，并附有一定参考价值的练习习题，但复习资料不宜过多，选一两本就行，多了容易分散精力，反而不利于复习。

5. 实战模拟——建议考生找三套模拟试题，一套在第一遍复习后做，找到薄弱环节，在突击重要考点时作为参考；一套在考试前一个月做，判断一下自己的水平，针对个别未掌握的内容有针对性地去学习；一套在考试前一周做，按规定的考试时间来完成，掌握答题的速度，体验考场的感觉。

6. 胸有成竹，步入考场——进入考场后，排除一切杂念，尽量使自己很快地平静下来。试卷发下来以后，要听从监考老师的指令，填好姓名、准考证号和科目代码，涂好准考证号和科目代码等，紧接着就安心答题。

7. 通过考试，领取证书——考生按上述方法备考，一定可以通过考试。

答题方法解读

1. 单项选择题答题方法：单项选择题每题1分，由题干和4个备选项组成，备选项中只有1个最符合题意，其余3个都是干扰项。如果选择正确，则得1分，否则不得分。单项选择题大部分来自考试用书中的基本概念、原理和方法，一般比较简单。如果考生对试题内容比较熟悉，可以直接从备选项中选出正确项，以节约时间。当无法直接选出正确选项时，可采用逻辑推理的方法进行判断，选出正确选项，也可通过排除法逐个排除不正确的干扰选项，最后选出正确选项。通过排除法仍不能确定正确项时，可以凭感觉进行猜测。当然，排除的备选项越多，猜中的概率就越大。单项选择题一定要作答，不要空缺。单项选择题必须保证正确率在75%以上，实际上这一要求并不是很高。

2. 多项选择题答题方法：多项选择题每题2分，由题干和5个备选项组成，备选项中至少有2个、最多有4个最符合题意，至少有1个是干扰项。因此，正确选项可能是2个、3个或4个。如果全部选择正确，则得2分；只要有1个备选项选择错误，则该题不得分。如果所选答案中没有错误选项，但未全部选出正确选项时，选择的每1个选项得0.5分。多项选择题的作答有一定难度，考生考试成绩的高低及能否通过考试科目，在很大程度上取决于多项选择题的得分。考生在作答多项选择题时，要首先选择有把握的正确选项，对没有把握的备选项最好不选，宁缺毋滥，除非有绝对选择正确的把握，最好不要选4个答案。当对所有备选项均没有把握时，可以采用猜测法选择1个备选项，得0.5分总比不得分强。多项选择题中至少应该有30%的题考生是可以完全正确选择的，这就是说可以得到多项选择题的30%的分值，如果其他70%的多项选择题，每题选择2个正确答案，那么考生又可以得到多项选择题的35%的分值，这样就可以稳妥地过关。

3. 案例分析题答题方法：案例分析题的目的是综合考核考生对有关基本内容、基本概念、基本原理、基本原则和基本方法的掌握程度以及检验考生灵活应用所学知识解决工作实际问题的能力。案例分析题是在具体业务活动背景材料的基础上，提出若干个独立或有关联的小问题。每个小题可以是计算题、简答题、论述题或改错题。考生首先要详细阅读案例分析题的背景材料，建议阅读两遍，理清背景材料中的各种关系和相关条件，看清楚问题的内容，充分利用背景材料中的条件，确定解答该问题所需运用的知识，问什么回答什么，不要“画蛇添足”。案例分析题的评分标准一般要分解为若干采分点，最小采分点一般为0.5分，所以解答问题要尽可能全面，针对性强，重点突出，逐层分析，依据充分合理，叙述简明，结论明确，有计算要求的要写出计算过程。

填涂答题卡技巧

考生在标准化考试中最容易出现的问题是填涂不规范，以致在机器阅读答题卡时产生误差。解决这类问题的最简单方法是将铅笔削好，铅笔不要削得太细太尖，应削磨成马蹄状或直接削成方形，这样，一个答案信息点最多涂两笔就可以涂好，既快又标准。

进入考场拿到答题卡后，不要忙于答题，而应在监考老师的统一组织下将答题卡表头中的个人信息、考场考号、科目信息按要求进行填涂，即用蓝色或黑色钢笔、签字笔填写姓名和准考证号，用2B铅笔涂黑考试科目和准考证号。不要漏涂、错涂考试科目和准考证号。

在填涂选择题时，考生可根据自己的习惯选择下列方法进行：

先答后涂法——考生拿到试题后，先审题，并将自己认为正确的答案轻轻标记在试卷相应的题号旁，或直接在自己认为正确的备选项上做标记。待全部题目做完，经反复检查确认不再改动后，将各题答案移植到答题卡上。采用这种方法时，需要在最后留有充足的时间，以免移植时间不够。

边答边涂法——考生拿到试题后，一边审题，一边在答题卡相应位置上填涂，边答边涂，齐头并进。采用这种方法时，一旦要改变答案，需要特别注意将原来的选择记号用橡皮擦干净。

边答边记加重法——考生拿到试题后，一边审题，一边将所选择的答案用铅笔在答题卡相应位置上轻轻记录，待审定确认不再改动后，再加重涂黑。需要在最后留有充足的时间进行加重涂黑。

本书的特点与如何学习本书

本书作者专职从事考前培训、辅导用书编写等工作，有一套科学、独特的学习模式，可为考生提供考前名师会诊，帮助考生制订学习计划、圈画考试重点、理清复习脉络、分析考试动态、把握命题趋势，为考生提示答题技巧、解答疑难问题、提供预测押题。

本套丛书把出题方式、出题点、采分点都做了归类整理，通过翻阅大量的资料，把一些重点难点的知识通过口语化、简单化的方式呈现出来。

本套丛书主要是在分析考试命题的规律基础上，启发考生复习备考的思路，引导考生了解应该着重对哪些内容进行学习。这部分内容主要是对考试大纲的细化，根据考试大纲的要求，提炼考点，每个考点的试题均根据考试大纲考点分布的规律编写。

本套丛书旨在帮助考生提炼考试考点，以节省考生时间，达到事半功倍的复习效果。书中提炼了应知应会的重点内容，指出了经常涉及的考点以及应掌握的程度。

本套丛书根据考前辅导网上答疑提问频率的情况，对众多考生提出的有关领会大纲内容实质精神、把握考试命题规律的一些共性问题，有针对性、有重点地进行解答，并将问题按照知识点和考点加以归类，从考生的角度进行学以致考的经典问题汇编，对广大考生具有很强的借鉴作用。

本套丛书既能使考生全面、系统、彻底地解决在学习中存在的问题，又能让考生准确地把握考试的方向。本书的作者旨在将多年积累的应试辅导经验传授给考生，对每一部分都做了详尽的讲解，完全适用于自学。

一、本书为什么采取这种体例来编写？

（1）为了不同于市场上的同类书，别具一格。市场上的同类书总结一下有这么几种：一是几套真题＋几套模拟试卷；二是对教材知识的精编；三是知识点＋历年真题＋练习题。同质性很严重，本书将市场上的这三种体例融合到一起，创造一种市场上从未有过的编写体例。

（2）为了让读者完整系统地掌握重要考点。本书选择高频采分点编排考点，尽量一题涵盖所有相关可考知识点。可以说学会本书内容，不仅可以过关，还可能会得到高分。

（3）为了让读者掌握所有可能出现的题目。本书将每一考点所有可能出现的题目都一一列举，并将可能会设置互为干扰项的整合到一起，形成对比。本书的形式打破传统思维，采用归纳总结的方式进行题干与选项的优化设置，将考核要点的关联性充分地体现在同一道题目当中，该类题型的设置有利于考生对比区分记忆，大大压缩了考生的复习时间和精力。众多易混选项的加入，有助于考生更加全面地、多角度地精准记忆，从而提高考生的复习效率。

（4）为了让读者既掌握正确答案的选择方法，又会区分干扰项答案。本书不但将每一题目所有可能出现的正确选项一一列举，而且还将所有可能作为干扰答案的选项一一列举。本书中1个题目可以代替其他辅导书中的3～8个题目，其他辅导书限于篇幅的原因，原本某一考点可能会出6个题目，却只编写了2个题目，考生学习后未必能全部掌握该考点，造成在考场上答题时觉得见过但不会解答的情况，本书可以解决这个问题。

（5）为了让读者掌握建设工程计量与计价实务案例分析中所涉及的重点内容，我们针对每个考点精心设置了典型例题，将考核要点的关联性充分地体现在同一道题目当中，对每个考点设置的案例提供了参考答案，并逐一对问题涉及的考点进行详细讲解，还对该考点的考核形式进行小结，考生通过认真学习，不仅能获得准确答案，而且能掌握不同的解题思路，为考前训练打下良好基础。

二、本书的内容是如何安排的？

（1）针对题干的设置。本书在设置每一考点的题干时，看似只是对一个考点的提问，其实不然，部分题干中也可以独立成题。

（2）针对选项的设置。本书中的每一个题目，不仅把所有正确选项和错误选项一一列举，而且还把可能会设置为错误选项的题干也做了全面的总结，体现在该题中。

（3）多角度问答。【细说考点】中会将相关考点以多角度问答方式进行充分的提问与表达，旨在帮助考生灵活应对较为多样的考核形式，可以做到以一题抵多题。

（4）针对可以作为互为干扰项的内容，本书将涉及原则、方法、依据等容易作为互为干扰项的知识分类整理到一个考点中，因为这些考点在考题中通常会互为干扰项出现。

（5）针对计算型的选择题，本书不仅将正确答案的计算过程详细列出，而且还会告诉考生得出错误选项的计算过程错在哪里。有些计算题可能有几种不同的计算方法，我们都会一一介绍。

（6）针对很难理解的内容，我们总结了一套易于接受的直接应对解答习题的方法来引导考生。

（7）针对容易混淆的内容，我们将容易混淆的知识点整理归纳在一起，指出哪些细节容易混淆及该如何清晰辨别。

（8）针对建设工程计量与计价实务案例分析部分：

①考点按照重要知识点进行设置，契合前面几章内容。

②以案例分析题展开详解。本书中的每一个题目，我们都会告诉考生需要掌握哪些内容，并对重点内容进行详细讲解，还把这个考点所涉及的考核形式进行了总结，都体现在该题中。

三、考生如何学习本书？

本书是以题的形式体现必考点、常考点，因为考生的目的是通过学习知识在考场上解答考题从而通过考试。具体在每一章设置了两个板块：【本章可考题目与题型】【细说考点】。

1. 如何学习【本章可考题目与题型】？

（1）该部分是将每章内容划分为若干个常考的考点作为单元来讲解的。这些考点必须要掌握，只要把这些考点掌握了，通过考试是没有问题的。尤其是对那些没有大量时间学习的考生更适用。

（2）每一考点下以一题多选项多解的形式进行呈现。这样可以将本考点下所有可能出现的知识点一网打尽，不需要考生再多做习题。本书中的每一个题目相当于其他同类书中的五个以上的题目。

（3）题目的题干是综合了考试题目的叙述方法总结而成，具有代表性。题干中既包含本题所需要解答的问题，又包括本考点下可能以单项选择题出现的知识点。虽然看上去都是以多项选择题的形式出现的，但是单项选择题的采分点也包括在本题题干中了。每一个题干的第一句话就是单项选择题的采分点。

（4）每一道题目的选项不仅将该题所有可能会出现的正确选项都进行整理、总结、一一呈现，而且还将可能会作为干扰选项的都详细整理呈现（这些干扰选项也是其他考点的正确选项，会在【细说考点】中详细解释），只要考生掌握了这个题目，不论怎么命题都不会超出这个范围。

（5）每一道题目的正确选项和错误选项整理在一起，有助于考生总结一些规律来记忆，本书在【细说考点】中为考生总结了规律。考生可以根据自己总结的规律学习，也可以根据我们总结的规律来学习。

（6）针对建设工程计量与计价实务案例分析部分：

①每一考点下以一题多提问的形式进行呈现，这样可以将本考点所涉及的知识点进行系统学习，不需要考生再多做习题。

②每一考点下设置的案例分析题都是具有代表性的题目，每个题目下的问题都是一个典型知识点，这些知识点都是考生要掌握的内容，考生学习完一个题目就知道该考点的重点包括哪些内容。

2. 如何学习【细说考点】?

（1）提示考生在这一考点下有哪些采分点，并对采分点的内容进行了总结和归类，有助于考生对比学习，这些内容一定要掌握。

（2）提示考生哪些内容不会作为考试题目出现，不需要考生去学习，本书也不会讲解这方面的知识，以减轻考生的学习负担。

（3）提示本题的干扰项会从哪些考点的知识中选择，考生应该根据这些选项总结出如何区分正确与否的方法。

（4）把本章各节或不同章节具有相关性（比如依据、原则、方法等）的考点归类在某一考点下，给考生很直观的对比和区分。因为考试时，这些相关性的考点都是互相作为干扰选项而出现的。本书还将与本题具有相关性的考点分别编写了一个题目供考生对比学习。

（5）对本考点总结一些学习方法、记忆规律、命题规律，这些都是给考生以方法上的指导。

（6）提示考生除了掌握本题之外，还需要掌握哪些知识点，本书不会遗漏任何一个可考知识点。本书通过表格、图形的方式归纳可考知识点，这样会给考生很直观的学习思路。

（7）对所有的错误选项做详细的讲解。考生通过对错误选项详解的学习可以将其内容改正。

（8）提示考生某一考点在命题时会有几种题型出现，而不管以哪种题型出现，解决问题的知识点是不会改变的，考生一定要掌握正面和反面出题的解题思路。

（9）提示考生对易混淆的概念如何判断其说法是否正确。

（10）把某一题型所有可设置的正确选项做详细而易于掌握、记忆的总结，就是把所有可能作为选项的知识通过通俗易懂的理论进行阐述，考生可根据该理论轻松确定选项是否正确。

(11) 有些题目只列出了正确选项，把可能会出现的错误选项在【细说考点】中总结归纳，这样安排是为了避免考生在学习过程中混淆。此种安排只针对那些容易混淆的知识而设置。

(12) 有些计算题、网络图在本书中总结了几种不同的解题方法，考生可根据自己的喜好选择一种方法学习，没有必要几种方法都掌握。

(13) 对于工程计量与计价实务案例分析部分，会把某些题目下所涉及的要点分析总结在某一考点下，使考生能进行系统的学习。

四、本书可以提供哪些增值服务?

序号	增值项目	说　明
1	学习计划	专职助教为每位考生合理规划学习时间，制订学习计划，提供备考指导
2	复习方法	专职助教针对每位考生学习情况，提供复习方法
3	知识导图	免费为每位考生提供各科目的知识导图
4	重、难知识点归纳	专职助教把所有重点、难点归纳总结，剖析考试精要
5	难点解题技巧	对于计算题，难度大的、典型的案例分析题通过公众号获取详细解题过程，学习解题思路
6	轻松备考	通过微信公众号获得考试资讯、行业动态、应试技巧、权威老师重点内容讲解，可随时随地学习
7	考前5页纸	考前一周免费为考生提供浓缩知识点
8	两套押题试卷	考前两周免费为考生提供两套押题试卷，作为考试前冲刺使用
9	免费答疑	通过QQ或微信免费为每位考生解答疑难问题，解决学习过程中的疑惑

目　录

第一章
专业基础知识

考点1 工业建筑分类

（题干）下列工业建筑中，进行备料、加工、装配等主要工艺流程的工业建筑包括（DRSTUV）。

A. 单层厂房
B. 多层厂房
C. 混合层数厂房
D. 生产厂房
E. 生产辅助厂房
F. 动力用厂房
G. 仓储建筑
H. 仓储用建筑
I. 其他建筑
J. 排架结构型工业建筑
K. 钢架结构型工业建筑
L. 空间结构型工业建筑
M. 冷加工车间
N. 热加工车间
O. 恒温恒湿车间
P. 洁净车间
Q. 其他特种状况的车间
R. 铸工车间
S. 电镀车间
T. 热处理车间
U. 机械加工车间
V. 装配车间
W. 修理车间
X. 工具车间
Y. 发电站
Z. 变电所
A′. 锅炉房
B′. 汽车库
C′. 机车库
D′. 起重车库
E′. 消防车库
F′. 水泵房
G′. 污水处理建筑

细说考点

1. 本考点对于造价专业的同学而言是常识性考点，一般进行考查的形式为填空类选择题，题目难度一般，属于送分题。

2. 本考点还可能进行考查的题目如下：

（1）按厂房层数分，工业建筑分为（ABC）。

（2）按工业建筑用途分，工业建筑分为（DEFGHI）。

（3）按主要承重结构的形式分，工业建筑分为（JKL）。

(4) 按车间生产状况分，工业建筑分为 (MNOPQ)。

(5) 按工业建筑用途分，机械制造厂中的生产厂房包括 (RSTUV) 等。

(6) 按工业建筑用途分，机械制造厂中的生产辅助厂房包括 (WX) 等。

(7) 按工业建筑用途分，动力用厂房包括 (YZA′) 等。

(8) 按工业建筑用途分，仓储用建筑包括 (B′C′D′E′)。

(9) 按工业建筑用途分，其他建筑包括 (F′G′)。

(10) 按工业建筑用途分，机械制造厂中的热处理车间 (还可以是电镀车间、铸工车间、机械加工车间和装配车间等) 属于 (D)。

(11) 按工业建筑用途分，机械制造厂房的修理车间、工具车间属于 (E)。

(12) 按工业建筑用途分，发电站 (还可以是变电所、锅炉房等) 属于 (F)。

(13) 按工业建筑用途分，贮存原材料 (还可以是半成品、成品) 的房屋属于 (G)。

(14) 按工业建筑用途分，汽车库 (还可以是机车库、起重车库、消防车库等) 属于 (H)。

(15) 按工业建筑用途分，水泵房、污水处理建筑等属于 (I)。

(16) 目前单层厂房中最基本、应用最普遍的建筑类型是 (J)。

(17) 一般重型单层厂房多采用的建筑类型是 (K)。

(18) 一般常见的膜结构 (还可以是网架结构、薄壳结构、悬索结构等) 工业建筑属于 (L)。

(19) 按车间生产状况分，机械制造类工厂的金工车间、修理车间属于 (M)。

(20) 按车间生产状况分，机械制造类的铸造车间 (还可以是锻压车间、热处理车间等) 属于 (N)。

(21) 按车间生产状况分，生产精密仪器的车间、纺织车间属于 (O)。

(22) 按车间生产状况分，药品生产车间、集成电路车间属于 (P)。

(23) 按车间生产状况分，防放射性物质的车间、防电磁波干扰的车间属于 (Q)。

考点2　民用建筑结构的特点

(题干) 关于型钢混凝土组合结构的说法，正确的有 (JKL)。

A. 建筑构件工厂化生产现场装配，建造速度快

B. 节能，环保，施工受气候条件制约小

C. 节约劳动力

D. 符合绿色节能建筑的发展方向，综合效益显著

E. 绿色环保，节能保温，建造周期短，抗震，耐久

F. 建造简单，材料容易准备，费用较低

G. 梁、板、柱等均采用钢筋混凝土材料
H. 非承重墙采用砖砌或其他轻质材料
I. 强度高，自重轻，整体刚性好，变形能力强，抗震性能好
J. 承载力大，刚度大，抗震性能好
K. 防火性能好，结构局部和整体稳定性好，节省钢材
L. 截面最小化，承载力最大，造价比较高
M. 建筑平面布置灵活
N. 建筑空间较大
O. 建筑立面处理比较方便
P. 侧向刚度较小
Q. 当层数较多时，侧移较大，易引起隔墙、装饰等非结构性构件破坏
R. 侧向刚度大
S. 水平荷载作用下侧移小
T. 间距小
U. 建筑平面布置不灵活
V. 结构自重较大
W. 抵抗水平荷载的能力较强
X. 利用截面较小的杆件组成截面较大的构件
Y. 结构空间受力，杆件主要承受轴向力，受力合理，节约材料
Z. 整体性能好，刚度大，抗震性能好
A′. 杆件类型较少，适于工业化生产
B′. 多采用现浇钢筋混凝土，费模板，费工时

细说考点

1. 民用建筑分类属于常规考点，考查比较频繁，考生必须加以掌握。

2. 特点类题型，顾名思义，考查的就是各种建筑结构的特点，考查方式有正考和反考两种方式，“正考”的命题套路是直接考查“某结构的特点是什么”，这类题目难度一般；“反考”的命题套路是考查“具有某种特点的结构是什么结构”，由于很多结构之间的特点具有一定的相似性，选项的设置也具有一定的干扰性，因此，这类题目比前一类的难度大。比如下面这两道题目：

(1) 空间较大的 18 层民用建筑的承重体系可优先考虑 (D)。

A. 混合结构体系　　B. 框架结构体系
C. 剪力墙体系　　D. 框架-剪力墙体系

(2) 高层建筑抵抗水平荷载最有效的结构是 (C)。

A. 剪力墙结构　　B. 框架结构
C. 筒体结构　　D. 混合结构

做这类题目，考生应充分利用“排除法”“关键词法”等方法，但是最快捷的方法还是熟记各种结构的考点。无论是“正考”还是“反考”，只要考生能熟练掌握各种结构及其特点，这类题目总体而言都是不难的。

3. 本考点还可能进行考查的题目如下：

(1) 现代木结构的优点是 (E)。

(2) 砖木结构的特点包括 (F)。

(3) 网架结构体系的优点是 (YZA′)。

(4) 关于钢筋混凝土结构的说法，正确的有 (GH)。

(5) 钢结构的特点包括 (I)。

(6) 型钢混凝土组合结构相比传统的钢筋混凝土结构，具有的优点为 (J)。

(7) 型钢混凝土组合结构与钢结构相比，具有 (K) 的优点。

(8) 型钢混凝土组合结构如应用于大型结构中，其特点是 (L)。

(9) 装配式混凝土结构的特点包括 (ABCD)。

(10) 框架结构体系的优点包括 (MNO)。

(11) 框架结构体系的缺点包括 (PQ)。

(12) 剪力墙结构体系的优点是 (RS)。

(13) 剪力墙结构体系的缺点是 (TUV)。

(14) 框架-剪力墙结构体系的优点是 (MNR)。

(15) 筒体结构体系的优点是 (W)。

(16) 桁架结构的优点是 (X)。

(17) 薄壁空间结构体系的特点是 (B′)。

考点3　民用建筑结构的适用范围

(题干) 拱式结构体系适用于 (KMO)。

A. 一般性建筑

B. 重要的建筑和高层建筑

C. 次要的建筑

D. 临时性建筑

E. 1～3 层的低层建筑

F. 开间进深较小的建筑

G. 房间面积小的建筑

H. 多层或低层的建筑

I. 大跨度和超高、超重型的建筑物

J. 大空间的公共建筑

K. 体育馆

L. 俱乐部

M. 展览馆

N. 飞机库

O. 桥梁

细说考点

1. 本考点考查的是民用建筑结构的适用范围，考查难度较大，多联系实际进行考查，考生在复习这一部分内容时，掌握相关实例是比较重要的。

2. 本考点还可能进行考查的题目如下：

(1) 砖木结构适用于 (E)。

(2) 砖混结构适用于 (FGH)。

(3) 钢结构适用于 (I)。

(4) 悬索结构体系主要用于 (KM)。

(5) 一般而言，一级建筑适用于 (B)。

(6) 一般而言，二级建筑适用于 (A)。

(7) 一般而言，三级建筑适用于 (C)。

(8) 一般而言，四级建筑适用于 (D)。

(9) 剪力墙体系不适用于 (J)。

(10) 薄壁空间结构体系常用于 (LMN)。

考点4　关于民用建筑结构的一些数值

(题干) 根据相关设计规范要求，城市标志性建筑其主体结构的耐久年限应为 (G) 年以上。

A. 1～3　　B. 4～6

C. 7～9　　D. ≥10

E. 28　　F. 24

G. 100　　H. 300

I. 50～100　　J. 25～50

K. 15　　L. 160

M. 8　　N. 180

O. 170

细说考点

1. 本考点考查难度一般，这种数字类的题型多是填空类选择题，但有时也会稍微拐个弯进行考查，建议考生遇到这类题型时认真审题。

2. 本考点还可能进行考查的题目如下：

(1) 住宅建筑按层数分类，低层住宅的层数为 (A) 层。

(2) 住宅建筑按层数分类，多层住宅的层数为 (B) 层。

(3) 住宅建筑按层数分类，中高层住宅的层数为 (C) 层。

(4) 住宅建筑按层数分类，高层住宅的层数为 (D) 层。

(5) 除住宅建筑外的民用建筑按高度分类，单层或多层建筑不高于 (F) m。

(6) 除住宅建筑和单层公共建筑外的民用建筑按高度分类，高层建筑高于 (F) m。

(7) 住宅建筑按高度分类，中高层住宅不高于 (E) m。

(8) 住宅建筑按高度分类，高层住宅高于 (E) m。

(9) 一般性建筑的耐久年限为 (I) 年。

(10) 次要的建筑，其耐久年限为 (J) 年。

(11) 临时建筑的耐久年限为 (K) 年以下。

(12) 剪力墙一般为钢筋混凝土墙，厚度不小于 (L) mm。

(13) 剪力墙的墙段长度一般不超过 (M) m。

(14) 剪力墙体系适用于小开间的住宅和旅馆等，在 (N) m 高的范围内都适用。

(15) 框架-剪力墙结构体系一般适用于不超过 (O) m 高的建筑。

(16) 筒体结构体系适用于高度不超过 (H) m 的建筑。

(17) 通常情况下，高层建筑主体结构的耐久年限应在 (G) 年以上。

考点 5 民用建筑构造——基础

(题干) 关于刚性基础的说法，正确的有 (AC)。

A. 基础大放脚与基础材料刚性角一致

B. 宽度应在 600mm 及以上

C. 构造上通过限制刚性基础宽高比来满足刚性角的要求

D. 可以就地取材、价格较低、设施简便

E. 在干燥和温暖的地区应用很广

F. 节约基础挖方量

G. 增加基础钢筋用量

H. 减小基础埋深

I. 挖土深度小

J. 锥形基础断面最薄处高度不小于 200mm

K. 基础下面设有素混凝土垫层时，厚度在 100mm 左右

L. 基础下面无垫层时，钢筋保护层不宜小于 70mm

M. 适用于地下水位较低的地区，并与其他材料基础共用，充当基础垫层

N. 常用于地基柔弱土层厚的重要高层建筑物

O. 常用于荷载大的重要高层建筑物

P. 常用于建筑面积不太大的重要高层建筑物

细说考点

1. 基础分为刚性基础和柔性基础，其中一个采分点是各种基础的优缺点，这类题目的考查难度较小，但是选项的设置比较灵活，比如本题的选项 H 和选项 I，虽然是

两个说法，但其实是一个意思，在考查时，很可能还会有其他方式的表述，考生应加以注意。

2. 关于本考点的考查，除了说法类题型外，有时也会联系实际情况考查基础的适用范围，当然，对基础的特点也要有所了解，比如下面这道题：

对于地基柔弱土层厚、荷载大和建筑面积不太大的一些重要高层建筑物，最常采用的基础构造形式为（D）。

A. 独立基础　　B. 柱下十字交叉基础

C. 片筏基础　　D. 箱形基础

3. 本考点还可能进行考查的题目如下：

（1）关于地下水位较低的民用建筑采用三合土基础的说法是（B）。

（2）关于砖基础的说法，正确的有（DE）。

（3）承受相同荷载条件下，相对刚性基础而言，柔性基础的特点是（FGH）。

（4）柔性基础的主要优点在于（HI）。

（5）关于钢筋混凝土基础的说法，正确的有（JKL）。

（6）关于灰土基础的说法，正确的有（M）。

（7）关于箱型基础的说法，正确的有（NOP）

考点6　民用建筑构造——墙

（题干）加气混凝土墙一般不宜用于（ABCDE）。

A. 干湿交替部位　　B. 建筑物±0.00 以下

C. 长期浸水部位　　D. 环境温度>80℃的部位

E. 受化学浸蚀环境　　F. 一般办公楼

G. 旅馆　　H. 医院

I. 教学楼　　J. 科研楼

K. 框架建筑的围护外墙　　L. 轻质内墙

M. 承重的外保温复合外墙的保温层　　N. 低层框架的承重墙

O. 屋面板

细说考点

1. 本考点还可能进行考查的题目如下：

（1）预制外墙板是装配在预制或现浇框架结构上的围护外墙，适用于（FGHIJ）。

（2）舒乐舍板墙适用于（KLMNO）。

2. 本考点考查的是墙体的适用范围，考查难度一般，关于墙体，除此之外，考查较多的是墙体的施工工艺，考查难度较大，比较重要的几个考点如下：

（1）地下室墙体垂直防水卷材外侧一般做完水泥砂浆保护层后再做砖保护墙。

(2) 室内采用架空木地板时，外墙防潮层设在室外地坪以上、地板木搁栅垫木之下。

(3) 散水宽度一般为 600～1000mm。

(4) 3 层砌体办公室的墙体一般设置 2 道圈梁。

(5) 设置钢筋混凝土构造柱的砖墙砌体，施工时应先砌墙后浇构造柱。

(6) 半砖隔墙用普通砖顺砌，砌筑砂浆宜大于 M2.5。

(7) 当圈梁遇到洞口不能封闭时，应在洞口上部设置截面不小于圈梁截面的附加梁，其搭接长度不小于 1m，且应大于两梁高差的 2 倍，但对有抗震要求的建筑物. 圈梁不宜被洞口截断。

(8) 构造柱的施工顺序：按构造配筋，先砌墙后浇灌混凝土柱。

考点 7　民用建筑构造——楼板与地面

(题干) 井字形肋楼板的肋高一般为 (A)。

A. 180～250mm　　B. 1.5～3.0m

C. 120～200mm　　D. 5～8m

E. 60～80mm　　F. 120mm

G. 6m

细说考点

1. 本考点考查的是民用建筑构造的楼板与地面，采分点是各种梁板的技术参数，如板厚、跨度等，通常考查的难度并不大，多是直接考查一些比较常见的例子。

2. 本考点还可能进行考查的题目如下：

(1) 井字形肋楼板肋与肋间的跨离通常只有 (B)。

(2) 井字形肋楼板的肋宽是 (C)。

(3) 梁板式肋形楼板的主梁沿房屋的短跨方向布置，其经济跨度为 (D)。

(4) 梁板式肋形楼板的常用板厚为 (E)。

(5) 现浇钢筋混凝土无梁楼板的板厚通常不小于 (F)。

(6) 现浇钢筋混凝土无梁楼板的跨度通常不超过 (G)。

3. 本考点的另一可能的采分点是关于楼板和地面的一些设置要求，比如下面这道题：

叠合楼板是由预制板和现浇钢筋混凝土层叠合而成的装配整体式楼板，现浇叠合层内设置的钢筋主要是 (C)。

A. 构造钢筋　　B. 正弯矩钢筋

C. 负弯矩钢筋　　D. 下部受力钢筋

4. 关于楼板和地面的设置要求，考生还需了解以下两点：

(1) 地面主要由面层、垫层和基层三部分组成，如果这三部分不能满足使用或构造要求时，可考虑增设结合层、隔离层、找平层、防水层、隔声层、保温层等附加层。

(2) 对直接与室外空气接触的地板（如骑楼、过街楼的地板）以及不采暖地下室上部的地板等，应采取保温隔热措施。

考点 8 民用建筑构造——楼梯

(题干) 现浇钢筋混凝土楼梯按楼梯段传力特点划分有 (AB) 楼梯。

A. 板式　　B. 梁式

C. 现浇整体式　　D. 预制装配式

E. 小型构件装配式　　F. 中型构件装配式

G. 大型构件装配式　　H. 悬挑式

I. 墙承式　　J. 梁承式

细说考点

1. 本考点的命题采分点是楼梯的分类，考查难度不大，考生应熟练掌握。

2. 本考点还可能进行考查的题目如下：

(1) 预制装配式钢筋混凝土楼梯踏步的支承方式有 (HIJ)。

(2) 将楼板段与休息平台组成一个构件再组合的预制钢筋混凝土楼梯是 (E) 楼梯。

考点 9 民用建筑构造——屋顶

(题干) 某建筑物的屋顶集水面积为 1800m², 当地气象记录每小时最大降雨量 160mm, 拟采用落水管直径为 120mm, 该建筑物需设置落水管的数量至少为 (A) 根。

A. 5　　B. 30～35

C. 100　　D. 5～20

E. 6　　F. 50

G. 200～300

细说考点

1. 本考点考查的是屋面落水管的布置，公式是：$F=\frac{438D^2}{H}$，式中，F 为单根落水管允许集水面积（水平投影面积，m^2）；D 为落水管管径（cm，采用方管时面积可换算）；H 为每小时最大降雨量（mm/h，由当地气象部门提供）。

2. 本考点属于数值类的题目，采分点在于屋顶施工过程中的施工要求，其中，涉及计算的题目（如本题）难度较大，但较少考查。

3. 本考点还可能进行考查的题目如下：

(1) 平屋顶装配式混凝土板上的细石混凝土找平层厚度一般是（B）mm。

(2) 平瓦屋面下的聚合物改性沥青防水垫层的搭接宽度应为（C）mm。

(3) 平屋顶保温层上的找平层应留设分隔缝，缝宽宜为（D）mm。

(4) 平屋顶保温层上的找平层，纵横缝的间距不宜大于（E）m。

(5) 平屋顶找平层的基层转角处应抹成圆弧形，其半径不小于（F）mm。

(6) 平屋顶找平层表面平整度的允许偏差为（A）mm。

(7) 平屋顶找平层分格缝处应铺设带胎体增强材料的空铺附加层，其宽度为（G）mm。

4. 关于本考点考生还需掌握的一些知识点如下：

(1) 平屋面的涂膜防水构造有正置式和倒置式之分，所谓正置式是指隔热保温层在涂膜防水层之下，倒置式则正好相反，是隔热保温层在涂膜防水层之上。

(2) 坡屋顶承重结构划分有硬山搁檩、屋架承重、梁架结构和钢筋混凝土梁板承重四种，其中硬山搁檩又叫砖墙承重。

(3) 坡屋顶的承重屋架，常见的形式有三角形、梯形、矩形和多边形等。

(4) 坡屋顶的钢筋混凝土折板结构一般是整体现浇的。

(5) 坡屋面的檐口形式主要有两种，其一是挑出檐口，其二是女儿墙檐口，相关的采分点如下：

①砖挑檐一般不超过墙体厚度的 1/2，且不大于 240mm。

②当屋面有椽木时，可以用椽木出挑，支撑挑出部分屋面。

③当屋面集水面积大、降雨量大时，檐口可设钢筋混凝土天沟。

考点 10　民用建筑构造——装饰构造

（题干）关于楼地面装饰构造的说法，正确的有（ABCDEFG）。

A. 水泥砂浆地面一般采用 1∶2.5 的水泥砂浆一次抹成

B. 水泥砂浆地面采用单层做法，厚度不宜过大，一般为 15～20mm

C. 水磨石楼地面的常见做法是先用 15～20mm 厚 1∶3 水泥砂浆找平，再用 10～15mm 厚 1∶1.5 或 1∶2 的水泥石屑浆抹面

D. 菱苦土地面不宜用于经常有水存留及地面温度经常处在 35℃以上的房间

E. 陶瓷板块地面坚硬耐磨、色泽稳定，易于保持清洁，而且具有较好的耐水和耐酸碱腐蚀的性能，一般造价偏高

F. 陶瓷板块地面适用于用水的房间以及有腐蚀的房间

G. 天然石地面具有较好的耐磨、耐久性能和装饰性，但造价较高

细说考点

1. 本考点考查较多的是关于楼地面装饰构造的内容，采分点是关于楼地面的施工工艺、特点和适用范围，考查难度一般，但由于一些技术参数容易混淆，考生要想拿到这 1～2 分也需要下一番识记的功夫。

2. 本考点的主要考查形式一般为填空类选择题，比如下面这两道题：

(1) 水泥砂浆楼地面一般采用单层做法，其常用厚度与砂浆配合比为（C）。

A. 15～20mm，1∶3　　B. 15～25mm，1∶3

C. 15～20mm，1∶2.5　　D. 15～25mm，1∶2.5

(2) 坚硬耐磨、装饰效果好、造价偏高，一般适用于用水的房间和有腐蚀房间楼地面的装饰构造为（C）。

A. 水泥砂浆地面　　B. 水磨石地面

C. 陶瓷板块地面　　D. 人造石板地面

考点 11　单层厂房的结构组成和承重结构构造

（题干）关于单层厂房屋架布置原则的说法，正确的有（ABCDEFGH）。

A. 天窗上弦水平支撑一般设置于天窗两端开间和中部有屋架上弦横向水平支撑的开间处

B. 天窗两侧的垂直支撑一般与天窗上弦水平支撑位置一致

C. 有檩体系的屋架必须设置上弦横向水平支撑

D. 支撑构件在布置时，应确保其主要传递水平荷载，保证厂房的空间刚度和稳定性

E. 屋架垂直支撑一般应设置于屋架跨中和支座的垂直平面内

F. 除有悬挂起重机外，屋架垂直支撑应与上弦横向水平支撑在同一开间内设置

G. 屋架支撑应设置在屋架之间

H. 柱间支撑应设置在纵向柱列之间

细说考点

1. 本考点考查难度较大，考生应熟练掌握相关内容。

2. 本考点的命题采分点主要是单层厂房的承重结构构造，一般以说法类题型的考查为主，题目难度较大。

考点 12　热轧钢筋

（题干）关于热轧钢筋的说法，正确的有（ABC）。

A. 随钢筋级别的提高，其屈服强度和极限强度逐渐增加，而其塑性则逐渐下降

B. 非预应力钢筋混凝土可选用 HPB300、HRB335 和 HRB400 钢筋

C. 预应力钢筋混凝土宜选用 HRB500、HRB400 和 HRB335 钢筋

细说考点

1. 热轧钢筋、冷加工钢筋、热处理钢筋、预应力混凝土用钢丝以及预应力混凝土钢绞线都属于钢筋材料，对于钢筋这部分内容，采分点主要集中在钢筋的特性上，考生应熟练掌握。

2. 考生还应着重理解和掌握以下两点：

（1）热轧钢筋的级别提高，则其屈服强度提高，塑性下降。

（2）可用于预应力混凝土板的钢材为热处理钢筋。

考点 13　冷加工钢筋

（题干）关于冷加工钢筋的说法，正确的有（ABCDE）。

A. CRB550 级冷轧带肋钢筋一般用于非预应力钢筋混凝土

B. CRB650 级、CRB800 级和 CRB970 级冷轧带肋钢筋一般用于预应力混凝土

C. 冷轧带肋钢筋具有强度高、握裹力强、节约钢材、质量稳定的特点

D. CRB650 级、CRB800 级和 CRB970 级冷轧带肋钢筋宜用作中小型预应力钢筋混凝土结构构件中的受力主筋

E. CRB550 级冷轧带肋钢筋宜用作普通钢筋混凝土结构构件中的受力主筋、架立筋、箍筋和构造箍筋

细说考点

1. 本考点考查的是冷加工钢筋，考查难度较大，考生应熟练掌握这部分内容。

2. 本考点还可能以填空的形式进行考查，如：

（1）CRB550 级冷轧带肋钢筋一般用于（　　）。

（2）冷轧带肋钢筋的特点包括（　　）。

考点 14　预应力混凝土用钢丝

（题干）关于预应力混凝土用钢丝的说法，正确的有（ABCDEF）。

A. 预应力混凝土钢丝具有很高的强度，安全可靠，便于施工

B. 预应力混凝土用钢丝按照加工状态分为冷拉钢丝和消除应力钢丝两类

C. 消除应力钢丝按松弛性能分为低松弛钢丝和普通松弛钢丝两种

D. 消除应力后钢丝的塑性比冷拉钢丝高

E. 刻痕钢丝与混凝土握裹力大，可减少混凝土裂缝

F. 消除应力钢丝按外形分为光面钢丝、螺旋类钢丝和刻痕钢丝三种

细说考点

1. 本考点考查的是预应力混凝土用钢丝，考查难度较大，考生应熟练掌握。

2. 本考点还可能以填空的形式进行考查，如：

（1）预应力混凝土钢丝的特点包括（　　）。

（2）消除应力后钢丝的塑性比冷拉钢丝（　　）。

考点 15　钢材的性能

（题干）关于钢材性能的说法，正确的有（ABCDEFGHIJKLMN）。

A. 钢材最主要的性能是抗拉性能，包括屈服强度、抗拉强度和伸长率

B. 一般而言，钢材屈强比越小，结构的安全性越高

C. 塑性变形在标距内的分布是不均匀的，颈缩处的伸长较大，离颈缩部位越远，变形越小

D. 通常以 δ_5 和 δ_{10} 分别表示 $L_0=5d_0$ 和 $L_0=10d_0$（d_0 为试件直径）时的伸长率

E. 对同一种钢材，δ_5 应大于 δ_{10}

F. 影响钢材冲击韧性的重要因素包括钢材的化学成分、组织状态、内在缺陷及环境温度等

G. 钢材的脆性临界温度数值越低，说明钢材的低温冲击韧性越好

H. 钢材的布氏硬度值越大，表示钢材越硬

I. 钢材承受的交变应力越大，则断裂时的交变循环次数越少

J. 当交变应力低于某一值时，交变循环次数达无限次也不会产生疲劳破坏

K. 冷弯时的弯曲角度越大、弯心直径越小，则表示其冷弯性能越好

L. 含碳量超过 0.3%时，可焊性显著下降

M. 硫含量较多时，会使焊缝处产生裂纹并硬脆，严重降低焊接质量

N. 提高焊接质量的主要措施是正确地选用焊接材料和焊接工艺

细说考点

1. 本考点考查的是钢材的性能，是一个很好的命题点，考生应着重掌握。

2. 本考点还可能进行考查的题目如下：

（1）关于冲击性能的说法，正确的有（FG）。

（2）关于硬度的说法，正确的有（H）。

（3）关于耐疲劳性的说法，正确的有（IJ）。

（4）关于冷弯性能的说法，正确的有（K）。

（5）关于焊接性能的说法，正确的有（LMN）。

3. 要想更有把握地在考试中拿到本考点所涉及的 1～2 分，对于以下几点内容，考生应着重进行理解和掌握：

（1）钢材的屈强比愈小，则结构的安全性愈高，钢材的有效利用率愈低。
（2）钢材伸长率的大小与标距长度相关。
（3）压型钢板多用于屋面扳、墙板、楼板、装饰板。

考点16　硅酸盐水泥、普通硅酸盐水泥

（题干）关于硅酸盐水泥、普通硅酸盐水泥的说法，正确的有（ABCDEFGHIJK）。

A. 水泥初凝时间不能过短，终凝时间不能太长

B. 硅酸盐水泥初凝时间不得早于45min

C. 硅酸盐水泥终凝时间不得迟于6.5h

D. 普通硅酸盐水泥初凝时间不得早于45min

E. 普通硅酸盐水泥终凝时间不得迟于10h

F. 安定性不合格的水泥不得用于工程，应废弃

G. 硅酸盐水泥、普通硅酸盐水泥适用于早期强度要求高、凝结快，冬期施工及严寒地区受反复冻融的工程

H. 硅酸盐水泥、普通硅酸盐水泥主要用于重要结构的高强度混凝土、钢筋混凝土和预应力混凝土工程

I. 硅酸盐水泥、普通硅酸盐水泥不宜用于经常与流动软水接触及有水压作用的工程

J. 硅酸盐水泥、普通硅酸盐水泥不宜用于受海水和矿物等作用的工程

K. 硅酸盐水泥、普通硅酸盐水泥不宜用于大体积混凝土构筑物

细说考点

1. 本考点考查的是硅酸盐水泥、普通硅酸盐水泥，关于这部分内容，考生应给予足够的重视。

2. 本考点还可能以填空的形式进行考查，如：

（1）普通硅酸盐水泥初凝时间不得早于（　　）。

（2）大体积混凝土构筑物一般不宜使用（　　）水泥。

3. 要想更有把握地在考试中拿到本考点所涉及的1～2分，对于以下几点内容，考生应着重进行理解和掌握：

（1）通常要求普通硅酸盐水泥的初凝时间＞45min，终凝时间＜10h。

（2）判定硅酸盐水泥是否废弃的技术指标是体积安定性。

（3）受反复冻融的混凝土结构应选用普通硅酸盐水泥。

考点17　五种常用水泥的适用范围

（题干）硅酸盐水泥适用于（AB）。

A. 快硬早强的工程
B. 配制高强度等级混凝土
C. 制造地上、地下及水中的混凝土
D. 钢筋混凝土结构
E. 预应力钢筋混凝土结构
F. 早期强度要求高的工程
G. 高温车间
H. 有耐热、耐火要求的混凝土结构
I. 大体积混凝土结构
J. 蒸汽养护的混凝土结构
K. 一般地上、地下和水中的混凝土结构
L. 有抗硫酸盐侵蚀要求的一般工程
M. 大体积混凝土工程
N. 有抗渗要求的工程
O. 蒸汽养护的混凝土构件
P. 一般混凝土结构
Q. 一般混凝土工程
R. 受化学侵蚀作用的工程
S. 受压力水（软水）作用的工程
T. 受海水侵蚀的工程
U. 早期强度要求较高的工程
V. 严寒地区并处在水位升降范围内的混凝土工程
W. 处在干燥环境的混凝土工程
X. 耐磨性要求高的工程
Y. 有抗碳化要求的工程

细说考点

1. 本考点考查的是五种常用水泥的适用范围，考查内容比较集中，考查难度较大，考生应熟练掌握这部分内容。

2. 本考点还可能进行考查的题目如下：

（1）普通硅酸盐水泥适用于（BCDEF）。

（2）矿渣硅酸盐水泥适用于（GHIJKL）。

（3）火山灰质硅酸盐水泥适用于（LMNOP）。

（4）粉煤类硅酸盐水泥适用于（KLMOQ）。

（5）硅酸盐水泥不适用于（MRST）。

（6）普通硅酸盐水泥不适用于（MRST）。

（7）矿渣硅酸盐水泥不适用于（UV）。

(8) 火山灰质硅酸盐水泥不适用于 (UVWX)。

(9) 粉煤类硅酸盐水泥不适用于 (UVY)。

3. 要想更有把握地在考试中拿到本考点所涉及的1～2分，对于以下几点内容，考生应着重进行理解和掌握：

(1) 水泥熟料中掺入活性混合材料，可以改善水泥性能，常用的活性混合材料是矿渣粉。

(2) 有抗化学侵蚀要求的混凝土多使用矿渣硅酸盐水泥、火山灰质硅酸盐水泥、粉煤灰硅酸盐水泥。

(3) 水泥品种中，不适宜用于大体积混凝土工程的是普通硅酸盐水泥。

(4) 可用于有高温要求的工业车间大体积混凝土构件的水泥是矿渣硅酸盐水泥。

考点18　铝酸盐水泥的用途

(题干) 铝酸盐水泥可用于 (ABCD)。

A. 配制不定型耐火材料

B. 工期紧急的工程，如国防、道路和特殊抢修工程等

C. 抗硫酸盐腐蚀的工程

D. 冬期施工的工程

细说考点

1. 本考点考查的是其他水泥的适用范围，考生对于这部分内容无需花太多时间，仅作了解即可。

2. 本考点还可能以填空的形式进行考查，如：

(1) 可用于配制不定型耐火材料的水泥是 (　　)。

(2) 可用于抗硫酸盐腐蚀的工程的水泥是 (　　)。

3. 考生还需要了解以下两点：

(1) 铝酸盐水泥适宜用于低温地区施工的混凝土。

(2) 铝酸盐水泥主要适宜的作业范围是交通干道抢修。

考点19　砂

(题干) 关于砂的说法，正确的有 (ABCDEFGHIJKLMNOP)。

A. 天然砂包括河砂、湖砂、海砂和山砂

B. 河砂、湖砂、海砂拌制混凝土时需水量较少，但砂粒与水泥间的胶结力较弱

C. 建设工程中一般采用河砂作为细集料

D. Ⅰ类砂宜用于强度等级大于C60的混凝土

E. Ⅱ类砂宜用于强度等级为C30～C60及有抗冻、抗渗或其他要求的混凝土

F. Ⅲ类砂宜用于强度等级小于C30的混凝土

G. 粗、中、细砂均可作为普通混凝土用砂，但以中砂为佳

H. 按质量计，Ⅰ类砂中的含泥量<1.0%

I. 按质量计，Ⅱ类砂中的含泥量<3.0%

J. 按质量计，Ⅲ类砂中的含泥量<5.0%

K. 按质量计，Ⅰ类砂中的泥块含量为0

L. 按质量计，Ⅱ类砂中的泥块含量<1.0%

M. 按质量计，Ⅲ类砂中的泥块含量<2.0%

N. 粗砂的细度模数 M_x 为3.7～3.1

O. 中砂的细度模数 M_x 为3.0～2.3

P. 细砂的细度模数 M_x 为2.2～1.6

细说考点

1. 本考点主要采分点是关于砂的一些参数、特性和适用范围，考查内容较为分散，需要考生对这部分内容进行全面了解和掌握。

2. 本考点还可能以填空的形式进行考查，如：

（1）Ⅰ类砂宜用于强度等级大于（　　）的混凝土。

（2）Ⅱ类砂宜用于强度等级为（　　）及有抗冻、抗渗或其他要求的混凝土。

3. 要想更有把握地在考试中拿到本考点所涉及的1～2分，对于以下几点内容，考生应着重进行理解和掌握：

（1）拌制流动性相同的混凝土，所用砂料需水量较少的有河砂、湖砂、海砂。

（2）C25抗冻混凝土所用砂的类别应为Ⅲ类。

（3）配置混凝土Ⅱ类砂石中的含泥量应<3.0%。

（4）用于普通混凝土的砂，最佳的细度模数为3.0～2.3。

考点20　石子

（题干）关于石子的说法，正确的有（ABCDEFGHI）。

A. 采用连续级配比采用间断级配拌制的混凝土流动性和黏聚性更好

B. 连续级配是现浇混凝土中最常用的一种级配形式

C. 石子的压碎指标值 $Q_e=(G_1-G_2)/G_1\times100\%$

D. Ⅰ类碎石的压碎指标<10%

E. Ⅱ类碎石的压碎指标<20%

F. Ⅲ类碎石的压碎指标<30%

G. Ⅰ类卵石的压碎指标<12%

H. Ⅱ类卵石的压碎指标<16%

I. Ⅲ类卵石的压碎指标＜16%

细说考点

1. 本考点主要采分点是关于石子的一些参数和特性，考查内容较为分散，需要考生对这部分内容进行全面了解和掌握。

2. 本考点还可能以填空的形式进行考查，如：

(1) Ⅰ类碎石的压碎指标为（　　）。

(2) Ⅱ类卵石的压碎指标为（　　）。

考点 21　外加剂

（题干）关于外加剂的说法，正确的有（ABCDEFGHIJKLMNOP）。

A. 保持坍落度不变，掺减水剂可降低单位混凝土用水量 5%～25%

B. 保持用水量不变，掺减水剂可增大混凝土坍落度 100～200mm

C. 保持强度不变，掺减水剂可节约水泥用量 5%～20%

D. 掺入 NNO 减水剂的混凝土，其耐久性、抗硫酸盐、抗渗、抗钢筋锈蚀等均优于一般普通混凝土

E. 高效减水剂的适宜掺量为水泥质量的 1%左右

F. 保持坍落度不变时，掺入高效减水剂后，混凝土的减水率为 14%～18%

G. 一般掺入高效减水剂后 3d，混凝土强度可提高 60%，28d 可提高 30%左右

H. 在保持相同混凝土强度和流动性的要求下，混凝土中掺入高效减水剂可节约水泥 15%左右

I. 三乙醇胺早强剂对钢筋无锈蚀作用

J. 引气剂可减少拌和物泌水离析、改善和易性

K. 引气剂可显著提高硬化混凝土抗冻融耐久性

L. 泵送剂不阻塞，不离析，黏塑性良好

M. 应用泵送剂温度不宜高于 35℃

N. 掺泵送剂过量可能造成堵泵现象

O. 泵送混凝土水灰比为 0.45～0.60，砂率宜为 38%～45%

P. 泵送混凝土的最小水泥用量应大于 0.3t/m^3

细说考点

1. 本考点主要采分点是关于外加剂的一些参数和特性，考查内容较为分散，需要考生对这部分内容进行全面了解和掌握。

2. 本考点还可能以填空的形式进行考查，如：

(1) 保持坍落度不变，掺减水剂可（　　）。

(2) 应用泵送剂温度不宜高于（　　）℃。

3. 要想更有把握地在考试中拿到本考点所涉及的1～2分，对于以下几点内容，考生应着重进行理解和掌握：

(1) 掺入NNO高效减水剂可使混凝土提高早期强度，提高耐久性，提高抗渗性，节约水泥。

(2) 掺入高效减水剂的效果是提高钢筋混凝土抗钢筋锈蚀能力，提高钢筋混凝土耐久性。

(3) 与普通混凝土相比，掺高效减水剂的高强混凝土早期强度高，后期强度增长幅度低。

(4) 对钢筋锈蚀作用最小的早强剂是三乙醇胺。

(5) 引气剂主要能改善混凝土的拌合物流变性能和耐久性，提高混凝土的抗冻性。

考点22　混凝土的技术性质

(题干) 关于混凝土的技术性质的说法，正确的有（ABCDEFGHIJKLMNOPQRSTUVWXYZ）。

A. 立方体抗压强度 f_{cu} 是一组试件抗压强度的算术平均值

B. 立方体抗压强度标准值 $f_{cu,k}$ 是按数理统计方法确定的

C. 混凝土的强度等级是根据立方体抗压强度标准值确定的

D. 混凝土在直接受拉时，很小的变形就会开裂

E. 混凝土的抗拉强度只有抗压强度的1/10～1/20，且强度等级越高，该比值越小

F. 在设计钢筋混凝土结构时，由钢筋承受拉力

G. 特重和重交通量的道路，其路面要求的水泥混凝土设计抗折强度为5.0MPa

H. 中等交通量的道路，其路面要求的水泥混凝土设计抗折强度为4.5MPa

I. 轻交通量的道路，其路面要求的水泥混凝土设计抗折强度为4.0MPa

J. 混凝土的强度主要取决于水泥石强度及其与集料表面的粘结强度

K. 在配合比相同的条件下，所用的水泥强度等级越高，制成的混凝土强度也越高

L. 当用同一品种及相同强度等级水泥时，混凝土强度等级主要取决于水灰比

M. 水泥水化时所需的结合水，一般只占水泥重量的25%左右

N. 当水泥水化后，多余的水分就残留在混凝土中，形成水泡或蒸发后形成气孔

O. 在水泥强度等级相同情况下，水灰比越小，水泥石的强度越高，与集料黏结力越大，混凝土强度也越高

P. 适当控制水灰比及水泥用量，是决定混凝土密实性的主要因素

Q. 混凝土的和易性包括流动性、黏聚性、保水性三个主要方面

R. 使混凝土保持整体均匀性的能力是黏聚性

S. 水泥浆是普通混凝土和易性最敏感的影响因素

T. 混凝土耐久性包括混凝土的抗冻性、抗渗性、抗蚀性及抗碳化能力等

U. 混凝土水灰比对抗渗性起决定性作用

V. 混凝土耐久性主要取决于组成材料的质量及混凝土密实度

W. 根据工程环境及要求，合理选用水泥品种可提高混凝土耐久性

X. 控制水灰比及保证足够的水泥用量可提高混凝土耐久性

Y. 选用质量良好、级配合理的集料和合理的砂率可提高混凝土耐久性

Z. 掺用合适的外加剂可提高混凝土耐久性

细说考点

1. 本考点考查的是混凝土的技术性质，混凝土的技术性质主要表现在强度、和易性、耐久性三个方面，这部分内容虽然篇幅很少，但是难度较大，重在理解。

2. 本考点还可能以填空的形式进行考查，如：

(1) 立方体抗压强度标准值 $f_{cu,k}$ 是按（　　）确定的。

(2) 混凝土的强度等级是根据（　　）确定的。

3. 要想更有把握地在考试中拿到本考点所涉及的 1～2 分，对于以下几点内容，考生应着重进行理解和掌握：

(1) 混凝土立方体抗压强度是一组试件抗压强度的算术平均值。

(2) 对中等交通量路面要求混凝土设计抗折强度为 4.5MPa。

(3) 混凝土强度的决定性因素有水灰比、养护湿度。

(4) 影响混凝土密实性的实质性因素是水泥用量。

(5) 能够反映混凝土和易性指标的是保水性。

(6) 影响混凝土和易性的因素中，最为敏感的因素是水泥浆。

(7) 混凝土的耐久性主要体现在抗冻等级、抗渗等级、抗碳化能力。

(8) 对混凝土抗渗性起决定性作用的是混凝土水灰比。

考点 23　特种混凝土

（题干）关于特种混凝土的说法，正确的有（ABCDEFGHIJKLMNOPQRST）。

A. 不同的轻集料，其堆积密度相差悬殊，常按其堆积密度分为 8 个等级

B. 轻集料强度较低，结构多孔，表面粗糙，具有较高吸水率

C. 轻集料混凝土的性质在很大程度上受轻集料性能的制约

D. 在混凝土中掺入适量减水剂、三乙醇胺早强剂或氯化铁防水剂均可提高密实度，增加抗渗性

E. 在混凝土中掺入适量引气剂或引气减水剂可显著提高混凝土的抗渗性

F. 一般碾压混凝土的集料其最大粒径以 20mm 为宜

G. 当碾压混凝土分两层摊铺时，其下层集料最大粒径采用 40mm

H. 在混凝土中使用较大的砂率可获得较高的密实度

I. 当混合材料掺量较高时，为使混凝土尽早获得强度，宜选用普通硅酸盐水泥或硅酸盐水泥

J. 当不用混合材料或用量很少时，为使混凝土取得良好的耐久性，宜选用矿渣水泥、火山灰水泥或粉煤灰水泥

K. 高强混凝土的延性比普通混凝土差

L. 高强混凝土在外加矿物掺和料后，其耐久性会进一步提高

M. 纤维混凝土掺入纤维的目的是提高混凝土的抗拉强度与降低其脆性

N. 纤维混凝土可以很好地控制混凝土的非结构性裂缝

O. 纤维混凝土对混凝土具有微观补强的作用

P. 纤维混凝土利用纤维束减少塑性裂缝和混凝土的渗透性

Q. 纤维混凝土增强混凝土的抗磨损能力

R. 纤维混凝土可替代焊接钢丝网

S. 纤维混凝土增加混凝土的抗破损能力

T. 纤维混凝土增加混凝土的抗冲击能力

细说考点

1. 本考点考查的是特种混凝土，属于考查的重点内容，一般考查难度较大，考生应对这部分内容熟练掌握。

2. 本考点还可能以填空的形式进行考查，如：

（1）不同的轻集料，其堆积密度相差悬殊，常按其堆积密度分为（　　）个等级。

（2）一般碾压混凝土的集料其最大粒径以（　　）为宜。

3. 要想更有把握地在考试中拿到本考点所涉及的1～4分，对于以下几点内容，考生应着重进行理解和掌握：

（1）可实现混凝土自防水的技术途径是掺入适量的三乙醇胺早强剂。

（2）使用膨胀水泥主要是为了提高混凝土的抗渗性。

（3）分两层摊铺的碾压混凝土，下层集料的最大粒径不应超过40mm。

（4）与普通混凝土相比，高强混凝土的优点在于更适宜用于预应力钢筋混凝土构件。

（5）高强混凝土的抗压能力优于普通混凝土。

（6）高强混凝土抗拉强度与抗压强度的比值低于普通混凝土。

（7）高强混凝土的最终收缩量与普通混凝土大体相同。

（8）高强混凝土的耐久性优于普通混凝土。

（9）与普通混凝土相比，高强度混凝土的特点是耐久性好。

（10）配制高强混凝土的材料应符合的要求有：

① 选用强度等级42.5以上的硅酸盐水泥或普通硅酸盐水泥；

② 水泥用量不应大于550kg/m^3；

③ 水泥和矿物掺和料总量不应大于600kg/m^3。

（11）混凝土中掺入纤维材料的主要作用有微观补强、增强抗磨损能力。

考点 24　砖、砌块的特点

（题干）烧结普通砖的特点包括（ABCDEF）。

A. 较高的强度　　B. 良好的绝热性

C. 耐久性　　D. 透气性和稳定性

E. 原料广泛　　F. 生产工艺简单

G. 强度不高　　H. 自重较轻

细说考点

1. 本考点考查的是砖和砌块，考查难度一般，但考查的可能性很大，考生应熟练掌握。

2. 本考点还可能进行考查的题目如下：

烧结空心砖的特点包括（GH）。

3. 要想更有把握地在考试中拿到本考点所涉及的 1～2 分，对于以下几点内容，考生应着重进行理解和掌握：

（1）烧结普通砖的耐久性指标包括抗风化性、泛霜、石灰爆裂。

（2）隔热效果最好的砌块是蒸压加气混凝土砌块。

（3）砌块建筑是墙体技术改革的一条有效途径，其优点包括减轻墙体自重、改善建筑功能、降低工程造价。

考点 25　砖、砌块的适用范围

（题干）烧结普通砖可用于（ABCDEFG）。

A. 墙体材料　　B. 砌筑柱

C. 拱　　D. 窑炉

E. 烟囱　　F. 沟道

G. 基础　　H. 6 层以下建筑物的承重墙体

I. 非承重墙

细说考点

1. 本考点考查的是砖和砌块，考查难度一般，但考查的可能性很大，考生应熟练掌握。

2. 本考点还可能进行考查的题目如下：

（1）烧结多孔砖的适用范围是（H）。

（2）烧结空心砖的使用范围是（I）。

考点 26　石材

（题干）常用的人造石材有人造花岗石、大理石和水磨石三种，关于人造石材的说法，正确的有（ABCDE）。

A. 质量轻

B. 强度高

C. 耐腐蚀

D. 耐污染

E. 施工方便

F. 便于制作形状复杂的制品

G. 耐老化性能不及天然花岗石

H. 多用于室内装饰

I. 软化系数 K_R 应大于 0.80

J. 主要用于砌筑建筑物的基础、勒角

K. 主要用于砌筑建筑物的墙身、挡土墙、堤岸

L. 主要用于砌筑建筑物的护坡

M. 可以用来浇筑片石混凝土

N. 资源丰富

O. 强度高

P. 耐久性好

Q. 色泽自然

细说考点

1. 本考点考查的是工程材料中关于石材的内容，考查难度一般，考生简单了解即可。

2. 本考点还可能进行考查的题目如下：

（1）聚酯型人造石材的特点包括（FGH）。

（2）关于天然石材的软化系数的说法，正确的有（I）。

（3）毛石的适用范围包括（JKLM）。

（4）天然石材的特点包括（NOPQ）。

考点 27　砌筑砂浆

（题干）关于砌筑砂浆的说法，正确的有（ABCDEFGHIJ）。

A. 砌筑砂浆用砂宜选用中砂，其中毛石砌体宜选用粗砂

B. 砂的含泥量不应超过 5%

C. 强度等级为 M5 以下的水泥混合砂浆，砂的含泥量不应超过 10%
D. 石灰膏在水泥石灰混合砂浆中的作用是增加砂浆和易性
E. 砌筑砂浆严禁使用脱水硬化的石灰膏
F. 在水泥石灰混合砂浆中适当掺入电石膏和粉煤灰可增加砂浆的和易性
G. 水泥砂浆中水泥用量不应小于 200kg/m³
H. 水泥石灰混合砂浆中水泥和掺加料总量宜为 300～350kg/m³
I. 现场拌制的砂浆应随拌随用，且应在拌成后 3h 内使用完毕
J. 当施工期间最高气温超过 30℃时，现场拌制的砂浆应在拌成后 2h 内使用完毕

细说考点

1. 本考点主要考查砂浆制备和使用的相关内容，具有一定的难度，考生应熟练掌握这部分内容。

2. 本考点还可能以填空的形式进行考查，如：

（1）强度等级为 M5 以下的水泥混合砂浆，砂的含泥量不应超过（　　）。

（2）砌筑砂浆严禁使用（　　）。

3. 要想更有把握地在考试中拿到本考点所涉及的 1～2 分，对于以下几点内容，考生应着重进行理解和掌握：

（1）一般情况下，砌筑砂浆中砂的含泥量不应超过 5%。

（2）M15 以上强度等级砌筑砂浆宜选用 42.5 级的通用硅酸盐水泥。

（3）现场配制砌筑砂浆，水泥、外加剂等材料的配料精度应控制在±2%以内。

（4）一般气候条件下，每拌制 1m³ M15 的水泥砂浆需用强度等级为 32.5 的水泥约 310kg。

（5）根据相关技术标准，砖砌体砌筑砂浆应满足的要求有：

① 宜选用中砂，其含泥量一般不超过 5%；

② 水泥砂浆中，水泥用量不小于 200kg/m³。

考点 28　饰面石材

（题干）花岗石板材的特点包括（ABCDEFG）。

A. 质地坚硬密实
B. 抗压强度高
C. 耐磨性优异
D. 化学稳定性良好
E. 不易风化变质
F. 耐久性良好
G. 耐火性较差
H. 吸水率小
I. 耐磨性好
J. 抗风化性能较差
K. 不宜用作室外装饰
L. 强度高
M. 坚固耐久
N. 美观

O. 刷洗方便
P. 不易起尘
Q. 防水性能较好
R. 耐磨性能较好
S. 施工简便
T. 光泽度高
U. 花纹耐久
V. 抗风化性好
W. 耐火性好
X. 防潮性好

细说考点

1. 本考点主要的采分点是饰面石材特点，具有一定的难度，考生应熟练掌握这部分内容。

2. 本考点还可能进行考查的题目如下：

(1) 大理石板材的特点包括 (FHIJK)。

(2) 建筑水磨石板材的特点包括 (LMNOPQRS)。

(3) 用高铝水泥作胶凝材料制成的水磨石板具有 (TUVWX) 的特点。

3. 要想更有把握地在考试中拿到本考点所涉及的 1～2 分，对于以下几点内容，考生应着重进行理解和掌握：

(1) 花岗石板材是一种优质饰面材料，但其不足之处是耐火性较差。

(2) 按表面加工程度，天然花岗石板材可分为粗面板材、细面板材、镜面板材。

(3) 花岗石板装饰台阶常选用剁斧板、机刨板。

(4) 室外装饰较少使用大理石板材的主要原因在于大理石抗风化性能差。

(5) 制作光泽度高、花纹耐久、抗风化性好、耐火性好、防潮性好的水磨石板材，应采用高铝水泥。

考点 29　饰面陶瓷

(题干) 釉面砖的特点包括 (ABCDEFGHI)。

A. 表面平整
B. 表面光滑
C. 坚固耐用
D. 色彩鲜艳
E. 易于清洁
F. 防火
G. 防水
H. 耐磨
I. 耐腐蚀
J. 色泽稳定
K. 美观
L. 造价较低
M. 耐污染
N. 抗折强度高
O. 抗冻性能好

细说考点

1. 本考点主要的采分点是饰面陶瓷特点，建议考生熟练掌握这部分内容。

2. 本考点还可能进行考查的题目如下：

（1）陶瓷锦砖的特点包括（CEJKLMO）。

（2）墙地砖的特点包括（CEFGHI）。

（3）瓷质砖的特点包括（NH）。

3. 要想更有把握地在考试中拿到本考点所涉及的1～2分，对于以下两点内容，考生应着重进行理解和掌握：

（1）釉面砖的优点包括耐磨、耐腐蚀、色彩鲜艳、易于清洁。

（2）陶瓷锦砖主要用作室内装饰。

考点30 建筑装饰涂料

（题干）建筑装饰涂料的基本组成包括主要成膜物质、次要成膜物质和辅助成膜物质三部分，其中常用的辅助成膜物质可分为（AF）两大类。

A. 助剂

B. 催干剂

C. 铝氧化物及其盐类

D. 锰氧化物及其盐类

E. 增塑剂

F. 溶剂

G. 苯

H. 丙酮

I. 汽油

J. 苯乙烯—丙烯酸酯乳液涂料

K. 丙烯酸酯系外墙涂料

L. 聚氨酯系外墙涂料

M. 合成树脂乳液砂壁状涂料

N. 聚乙烯醇水玻璃涂料（106内墙涂料）

O. 聚醋酸乙烯乳液涂料

P. 醋酸乙烯-丙烯酸酯有光乳液涂料

Q. 多彩涂料

R. 聚氨酯漆

S. 钙酯地板漆

T. 酚醛树脂地板漆

U. 过氯乙烯地面涂料

V. 聚氨酯地面涂料

W. 环氧树脂厚质地面涂料

细说考点

1. 本考点主要以单项选择题的形式进行考查，考点较为分散，需要考生对这部分内容进行全面的了解与掌握。

2. 本考点还可能进行考查的题目如下：

（1）催干剂包括（CD）。

（2）助剂包括（BCDE）。

（3）常用的溶剂有（GHI）。

（4）常用于外墙的涂料有（JKLM）。

（5）常用于内墙的涂料有（NOPQ）。

（6）常用于木质地面涂饰的地面涂料有（RST）。

（7）常用于地面装饰，制作无缝涂布地面的地面涂料有（UVW）。

3. 要想更有把握地在考试中拿到本考点所涉及的 1～2 分，对于以下几点内容，考生应着重进行理解和掌握：

（1）建筑装饰涂料的辅助成膜物质常用的溶剂为苯。

（2）建筑装饰涂料中，常用于外墙的涂料是苯乙烯-丙烯酸酯乳液涂料。

（3）建筑涂料的基本要求之一是外墙、地面、内墙涂料均要耐水性好。

考点 31　建筑塑料

（题干）关于硬聚氯乙烯（PVC-U）管的说法，正确的有（ABCEFIKF′G′H′）。

A. 内壁光滑阻力小　　B. 不结垢

C. 无毒　　D. 无害

E. 无污染　　F. 耐腐蚀

G. 不生锈　　H. 不腐蚀

I. 抗老化性能好　　J. 易燃

K. 难燃　　L. 高温机械强度高

M. 阻燃、防火、导热性能低　　N. 热膨胀系数低

O. 产品尺寸全　　P. 安装附件少

Q. 安装费用低　　R. 有高度的耐酸性

S. 有高度的耐氯化物性　　T. 耐热性能好

U. 保温性能好　　V. 抗紫外线能力差

W. 强度较高　　X. 韧性好

Y. 热胀系数大　　Z. 价格高

A′. 卫生　　B′. 透明

C′. 适用于受压的场合　　D′. 主要应用于消防水管系统

E′. 主要应用于工业管道系统　　F′. 主要应用于给水管道（非饮用水）

G′. 主要应用于排水管道　　H′. 主要应用于雨水管道

I′. 主要应用于冷热水管　　J′. 一般不用于饮用水管道系统

K′. 不得用于消防给水系统　　L′. 主要应用于饮用水管

M′. 特别适用于薄壁小口径压力管道　　N′. 主要应用于地板辐射采暖系统的盘管

细说考点

1. 本考点主要考查的是各种建筑塑料管材的特点和适用范围，考查难度一般，但考查的可能性很大，建议考生熟练掌握。

2. 本考点还可能进行考查的题目如下：

（1）硬聚氯乙烯（PVC-U）管的特点包括（ABCEFIK）。

（2）氯化聚氯乙烯（PVC-C）管的特点包括（ALMNOPQ）。

(3) 无规共聚聚丙烯管 (PP-R管) 的特点包括 (ABCDGHRSTUV)。

(4) 丁烯管 (PB管) 的特点包括 (CWXJYZ)。

(5) 交联聚乙烯管 (PEX管) 的特点包括 (CA′B′)。

(6) 硬聚氯乙烯 (PVC-U) 管的适用范围包括 (F′G′H′)。

(7) 氯化聚氯乙烯 (PVC-C) 管的适用范围包括 (C′D′E′I′J′)。

(8) 无规共聚聚丙烯管 (PP-R管) 的适用范围包括 (I′K′L′)。

(9) 丁烯管 (PB管) 的适用范围包括 (I′L′M′)。

(10) 交联聚乙烯管 (PEX管) 的适用范围包括 (N′)。

3. 要想更有把握地在考试中拿到本考点所涉及的1～2分，对于以下几点内容，考生应着重进行理解和掌握：

(1) 无规共聚聚丙烯管 (PP-R管) 属于可燃性材料。

(2) 交联聚乙烯管 (PEX管) 不可热熔连接。

(3) 建筑塑料的主要组成材料是合成树脂。

考点32 建筑玻璃

(题干) 对隔热、隔声性能要求较高的建筑物宜选用 (B)。

A. 真空玻璃

B. 中空玻璃

C. 镀膜玻璃

D. 钢化玻璃

E. 半钢化玻璃

F. 彩色玻璃

G. 釉面玻璃

H. 压花玻璃

I. 喷花玻璃

J. 乳花玻璃

K. 刻花玻璃

L. 冰花玻璃

M. 防火玻璃

N. 夹丝玻璃

O. 夹层玻璃

P. 着色玻璃

细说考点

1. 本考点考查的是建筑玻璃，考查难度一般。

2. 本考点还可能考查的题目如下：

(1) 可以拼成各种图案，并耐腐蚀、抗冲刷、易清洗的玻璃是 (F)。

(2) 建筑物的内外墙、门窗装饰及对光线有特殊要求的部位宜选用 (F)。

(3) 建筑室内饰面层、一般建筑物门厅和楼梯间的饰面层及建筑物外饰面层宜选用 (G)。

(4) 适用于建筑室内门窗、隔断和采光的玻璃是 (I)。

(5) 高档场所的室内隔断或屏风宜选用 (K)。

(6) 宾馆、酒楼、饭店、酒吧间等场所的门窗、隔断、屏风和家庭装饰宜选用 (L)。

(7) 有防火隔热要求的建筑幕墙、隔断等构造和部位宜选用 (M)。

(8) 建筑物的门窗、隔墙、幕墙及橱窗、家具等宜选用 (D)。

(9) 受风荷载引起振动而可能自爆的玻璃是 (E)。

(10) 具有安全性、防火性和防盗抢性的玻璃是 (N)。

(11) 建筑的天窗、采光屋顶、阳台及有防盗、防抢功能要求的营业柜台的遮挡部位宜选用 (N)。

(12) 高层建筑的门窗、天窗、楼梯栏板和有抗冲击作用要求的商店、银行、橱窗、隔断及水下工程等安全性能高的场所或部位宜选用 (O)。

(13) 建筑物的门窗或玻璃幕墙宜选用 (P)。

(14) 在绿色建筑的应用上具有良好的发展潜力和前景的玻璃是 (A)。

考点 33　防水卷材

(题干) 关于 APP 改性沥青防水卷材的说法，正确的有 (AEFG)。

A. 广泛适用于各类建筑防水工程

B. 适用于寒冷地区的建筑物防水

C. 适用于结构变形频繁的建筑物防水

D. 可采用热熔法施工

E. 广泛适用于各类建筑防潮工程

F. 适用于高温地区的建筑物防水

G. 适用于有强烈太阳辐射地区的建筑物防水

H. 耐老化性能好，化学稳定性良好

I. 有优良的耐候性、耐臭氧性和耐热性

J. 重量轻，使用温度范围宽

K. 抗拉强度高，延伸率大，对基层变形适应性强

L. 耐酸碱腐蚀

M. 广泛适用于防水要求高的土木建筑工程的防水

N. 广泛适用于耐用年限长的土木建筑工程的防水

O. 具有合成树脂的热塑性能

P. 具有橡胶的弹性

Q. 具有耐候、耐臭氧、耐油、耐化学药品以及阻燃性能

R. 适用于各类工业、民用建筑的屋面防水

S. 适用于各类工业、民用建筑的地下防水

T. 适用于各类工业、民用建筑的防潮隔气

U. 适用于各类工业、民用建筑的室内墙地面防潮

V. 适用于各类工业、民用建筑的地下室卫生间的防水

W. 适用于冶金业防水防渗工程

X. 适用于化工业防水防渗工程

Y. 适用于水利业防水防渗工程

Z. 适用于环保业防水防渗工程

A′. 适用于采矿业防水防渗工程

细说考点

1. 本考点考查的是防水卷材的特点和适用范围，考核热点集中在聚合物改性沥青防水卷材和合成高分子防水卷材的特性及应用方面，考查的难度较大，考生应熟练掌握这部分内容。

2. 本考点还可能进行考查的题目如下：

（1）SBS改性沥青防水卷材的适用范围包括（ABCDE）。

（2）三元乙丙（EPDM）橡胶防水卷材的特点包括（HIJKL）。

（3）三元乙丙（EPDM）橡胶防水卷材的适用范围包括（MN）。

（4）氯化聚乙烯防水卷材的特点包括（OPQ）。

（5）氯化聚乙烯防水卷材的适用范围包括（RSTUVWXYZA′）。

3. 要想更有把握地在考试中拿到本考点所涉及的1～2分，对于以下几点内容，考生应着重进行理解和掌握：

（1）常用于寒冷地区和结构变形较为频繁部位且适宜热熔法施工的聚合物改性沥青防水卷材是SBS改性沥青防水卷材。

（2）APP改性沥青防水卷材，其突出的优点是适宜于强烈太阳辐射部位防水。

（3）防水要求高和耐用年限长的土木建筑工程，防水材料应优先选用三元乙丙橡胶防水卷材。

（4）采矿业防水防渗工程常用氯化聚乙烯防水卷材。

考点34 防水涂料

（题干）防水涂料按成膜物质的主要成分可分为（IJ）两类。

A. 再生橡胶改性沥青防水涂料

B. 氯丁橡胶改性沥青防水涂料

C. SBS橡胶改性沥青防水涂料

D. 聚氯乙烯改性沥青防水涂料

E. 聚氨酯防水涂料

F. 丙烯酸酯防水涂料

G. 环氧树脂防水涂料

H. 有机硅防水涂料

I. 聚合物改性沥青防水涂料

J. 合成高分子防水涂料

细说考点

1. 本考点多以单项选择题的形式进行考查，考生应当从特性与应用两个方面进行复习，这将会是今后的考核重点。

2. 本考点还可能进行考查的题目如下：

(1) 高聚物改性沥青防水涂料的常用品种有（ABCD）。

(2) 合成高分子防水涂料的常用品种有（EFGH）。

3. 要想更有把握地在考试中拿到本考点所涉及的1～2分，对于以下两点内容，考生应着重进行理解和掌握：

(1) 抗老化能力强的刚性防水材料为铅合金防水卷材。

(2) 弹性和耐久性较高的防水涂料是聚氨酯防水涂料。

考点35　建筑密封材料

（题干）沥青嵌缝油膏主要用于（ABC）。

A. 屋面防水嵌缝
B. 墙面防水嵌缝
C. 沟槽防水嵌缝
D. 各种屋面嵌缝
E. 在屋面表面涂布作为防水层
F. 水渠接缝
G. 管道接缝
H. 工业厂房自防水屋面嵌缝
I. 大型屋面板嵌缝
J. 屋面嵌缝
K. 墙板嵌缝
L. 门嵌缝
M. 窗嵌缝
N. 玻璃的嵌缝
O. 金属材料的嵌缝
P. 经常泡在水中的工程
Q. 广场的接缝
R. 公路的接缝
S. 桥面的接缝
T. 机场跑道的接缝
U. 水池的接缝
V. 污水厂的接缝
W. 灌溉系统的接缝
X. 堤坝的接缝
Y. 屋面水平接缝
Z. 屋面垂直接缝
A′. 墙面水平接缝
B′. 墙面垂直接缝
C′. 游泳池工程
D′. 公路的补缝
E′. 机场跑道的补缝

细说考点

1. 本考点应着重掌握各类密封材料的适用范围。

2. 本考点还可能进行考查的题目如下：

(1) 聚氯乙烯接缝膏和塑料油膏适用于（DEFGHI）。

(2) 丙烯酸类密封膏适用于 (JKLM)。

(3) 丙烯酸类密封膏不宜用于 (PQRSTUVWX)。

(4) 聚氨酯密封膏适用于 (NOYZA'B'C'D'E')。

3. 要想更有把握地在考试中拿到本考点所涉及的1～2分，对于以下几点内容，考生应着重进行理解和掌握：

(1) 丙烯酸类密封膏具有良好的粘结性能，但不宜用于桥面接缝。

(2) 不宜用于水池、堤坝等水下接缝的不定型密封材料是丙烯酸类密封膏。

(3) 游泳池工程优先选用的不定型密封材料是聚氨酯密封膏。

考点36 保温隔热材料和吸声隔声材料

(题干) 主要用于工业建筑的隔热、保温及防火覆盖等用途的材料是 (A)。

A. 石棉

B. 玻璃棉

C. 陶瓷纤维

D. 膨胀蛭石

E. 泡沫玻璃

F. 轻质混凝土

G. XPS板

细说考点

1. 本考点考查的是保温隔热材料和吸声隔声材料的适用范围，考查难度较大，建议考生熟练掌握。

2. 本考点还可能进行考查的题目如下：

(1) 广泛用在温度较低的热力设备和房屋建筑中的材料是 (B)。

(2) 专门用于各种高温、高压、易磨损的环境中的材料是 (C)。

(3) 适用于墙壁、楼板、屋面等夹层中，但应注意防潮的材料是 (D)。

(4) 可用于砌筑墙体或冷库隔热的材料是 (E)。

(5) 用作建筑物墙体及屋面材料时，具有良好的节能效果的材料是 (F)。

(6) 目前建筑业常用的隔热、防潮材料是 (G)。

3. 本考点还可能以填空的形式进行考查，如：

(1) 广泛用在温度较低的热力设备和房屋建筑中的材料是 (　　)。

(2) 可用于砌筑墙体或冷库隔热的材料是 (　　)。

4. 要想更有把握地在考试中拿到本考点所涉及的1～2分，对于以下几点内容，考生应着重进行理解和掌握：

(1) 民用建筑很少使用的保温隔热材料是石棉。

(2) 膨胀蛭石是一种较好的绝热、隔声材料，但使用时应注意防潮。

(3) 隔热、隔声效果最好的材料是膨胀蛭石。

(4) 拌制外墙保温砂浆多用玻化微珠。

(5) 高速公路的防潮保温一般选用聚苯乙烯板。
(6) 材料的孔结构和湿度对其热导系数的影响最大。
(7) 导热系数是评定材料导热性能的重要物理指标。
(8) 材料的表观密度、厚度、孔隙特征等是影响多孔性材料吸声性能的主要因素。
(9) 隔声材料必须选用密实、质量大的材料。

考点 37 土石方工程的准备与辅助工作

(题干) 关于土石方工程的准备与辅助工作的说法，正确的有（ABCDEFGHIJKLMNOPQRSTUVWXYZ）。

A. 湿度小的黏性土挖土深度小于 3m 时，可用间断式水平挡土板支撑

B. 对松散、湿度大的土可用连续式水平挡土板支撑，挖土深度可达 5m

C. 对松散和湿度很高的土可用垂直挡土板式支撑，其挖土深度不限

D. 在支护结构设计中首先要考虑周边环境的保护，其次要满足本工程地下结构施工的要求，再则应尽可能降低造价、便于施工

E. 水泥土搅拌桩（或称深层搅拌桩）支护结构是一种重力式支护结构

F. 水泥土墙具有挡土作用和隔水作用

G. 水泥土墙适用于 4～6m 深的基坑，最大可达 7～8m

H. 水泥掺量较小，土质较松时，搅拌桩成桩可采用“一次喷浆、二次搅拌”工艺

I. 水泥掺量较大，土质较紧密时，搅拌桩成桩可采用“二次喷浆、三次搅拌”工艺

J. 明排水法宜用于粗粒土层，也用于渗水量小的黏土层

K. 当土为细砂和粉砂时，地下水渗出会带走细粒，发生流砂现象，导致边坡坍塌、坑底涌砂，难以施工，此时应采用井点降水法

L. 集水坑应设置在基础范围以外、地下水走向的上游

M. 根据地下水量大小、基坑平面形状及水泵能力，集水坑每隔 20～40m 设置一个

N. 轻型井点可采用单排布置、双排布置以及环形布置

O. 当土方施工机械需进出基坑时，轻型井点可采用 U 形布置

P. 当基坑、槽宽度小于 6m，且降水深度不超过 5m 时，轻型井点宜采用单排布置

Q. 轻型井点采用单排布置时，井点管应布置在地下水的上游一侧，两端延伸长度不宜小于坑、槽的宽度

R. 当基坑宽度大于 6m 或土质不良时，轻型井点宜采用双排布置

S. 对于大面积基坑，轻型井点宜采用环形布置

T. 轻型井点采用 U 形布置时，井点管不封闭的一段应设在地下水的下游方向

U. 各部件连接头均应安装严密，以防止接头漏气，影响降水效果

V. 南方地区可用透明的塑料软管

W. 北方寒冷地区宜采用橡胶软管

X. 为防止坍孔，井孔冲成后，应立即拔出冲管，插入井点管，紧接着就灌填砂滤料

Y. 保证井点管施工质量的一项关键性工作是砂滤料的灌填

Z. 在土的渗透系数大、地下水量大的土层中，宜采用管井井点

细说考点

1. 本考点采分点较为分散，对考生综合能力的要求很高，建议考生熟练掌握这部分内容。

2. 本考点还可能以填空的形式进行考查，如：

（1）对松散、湿度大的土可用连续式水平挡土板支撑，挖土深度可达（　　）。

（2）水泥掺量较小，土质较松时，搅拌桩成桩可采用（　　）工艺。

3. 要想更有把握地在考试中拿到本考点所涉及的1～2分，对于以下几点内容，考生应着重进行理解和掌握：

（1）在松散土体中开挖6m深的沟槽，支护方式应优先采用垂直挡土板式支撑。

（2）通常情况下，基坑土方开挖的明排水法主要适用于粗粒土层。

（3）采用明排水法开挖基坑，在基坑开挖过程中设置的集水坑应布置在地下水走向的上游。

（4）基坑土石方工程采用轻型井点降水时，U形布置不封闭段是为施工机械进出基坑留的开口。

（5）轻型井点降水施工过程中，轻型井点一般可采用单排或双排布置。

（6）轻型井点降水施工过程中，槽宽＞6m，且降水深度超过5m时不适宜采用单排井点。

（7）北方寒冷地区采用轻型井点降水时，井点管与集水总管连接应用橡胶软管。

（8）电渗井点降水的井点管应沿基坑外围布置。

（9）在渗透系数大、地下水量大的土层中，适宜采用的降水形式为管井井点。

考点38　土石方工程机械化施工

（题干）关于正铲挖掘机施工的说法，正确的有（BCD）。

A. 预留土埂，间隔铲土

B. 前进向上，强制切土

C. 挖掘力大，生产率高

D. 适于开挖土质较好、无地下水的地区

E. 后退向下，自重切土

F. 挖掘半径和挖土深度较大

G. 适于开挖大型基坑及水下挖土

H. 直上直下，自重切土

I. 挖掘力较小

J. 适于挖掘独立基坑

K. 适于挖掘沉井

L. 适于水下挖土

细说考点

1. 本考点考查的是土石方工程机械化施工，所考内容涉及面较广，对考生综合能

力的要求很高，考生应熟练掌握。

2. 本考点还可能考查的题目如下：

（1）跨铲法施工的特点是（A）。

（2）关于拉铲挖掘机施工的说法，正确的有（EFG）。

（3）关于抓铲挖土机施工的说法，正确的有（HIJKL）。

3. 本考点还可能以填空的形式进行考查，如：

（1）并列推土时，铲刀间距（　　）。

（2）正铲挖掘机的特点是（　　）。

4. 要想更有把握地在考试中拿到本考点所涉及的1～2分，对于以下几点内容，考生应着重进行理解和掌握：

（1）推土机施工作业过程中，并列推土的推土机数量不宜超过4台。

（2）用推土机回填管沟，当无倒车余地时一般采用斜角推土法。

（3）为了提高铲运机铲土效率，适宜采用的铲运方法为间隔铲土。

（4）对大面积二类土场地进行平整，主要施工机械应优先考虑拉铲挖掘机。

（5）拉铲挖掘机的作业特点是后退向下，自重切土。

（6）土石方工程机械化施工过程中，开挖大型基坑时适宜采用拉铲挖掘机。

（7）关于土石方填筑，正确的说法是从上至下填筑土层的透水性应从小到大。

（8）土石方在填筑施工时应采用同类土填筑。

（9）在推土丘、回填管沟时，均可采用下坡推土法。

（10）并列推土时，铲刀间距15～30cm。

（11）并列推土时，推土机并列台数不宜超过4台。

（12）一般在管沟回填且无倒车余地时可采用斜角推土法。

（13）采用跨铲法施工时，土埂高度应不大于300mm，宽度以不大于拖拉机两履带间净距为宜。

考点39　土石方的填筑与压实

（题干）关于土石方填筑与压实的说法，正确的有（ABCDEFG）。

A. 填方宜采用同类土填筑

B. 采用不同透水性的土分层填筑时，下层宜填筑透水性较大的填料，上层宜填筑透水性较小的填料

C. 采用不同透水性的土分层填筑时，可将透水性较小的土层表面做成适当坡度，以免形成水囊

D. 填方施工应接近水平地分层填土、分层压实，每层的厚度根据土的种类及选用的压实机械而定

E. 当填方位于倾斜的地面时，应先将斜坡挖成阶梯状，然后分层填筑，以防填土横向

移动

F. 振动碾相比一般平碾提高功效可达1～2倍，可节省动力30%

G. 振实填料为爆破石渣、碎石类土、杂填土和粉土等非黏性土时，应采用振动压实法

细说考点

1. 本考点考查的是土石方的填筑与压实，考查难度较大，考生应熟练掌握这部分内容。

2. 本考点还可能以填空的形式进行考查，如：

（1）填方宜采用（　　）填筑。

（2）当填方位于倾斜的地面时，为防止填土横向移动，应采取的措施为（　　）。

考点40　地基加固处理

（题干）关于地基加固处理的说法，正确的有（ABCDEFGHIJKLMN）。

A. 重锤夯实法适用于地下水距地面0.8m以上稍湿的黏土、砂土、湿陷性黄土、杂填土和分层填土

B. 在有效夯实深度内存在软黏土层时不宜采用重锤夯实法

C. 强夯法适用于加固碎石土、砂土、低饱和度粉土、黏性土、湿陷性黄土、高填土、杂填土以及“围海造地”地基、工业废渣、垃圾地基等的处理

D. 强夯法可用于防止粉土及粉砂的液化，消除或降低大孔土的湿陷性等级

E. 对于高饱和度淤泥、软黏土、泥炭、沼泽土，采用强夯法前需采取一定技术措施

F. 强夯不得用于不允许对工程周围建筑物和设备有一定振动影响的地基加固，必需时，应采取防振、隔振措施

G. 土桩和灰土桩挤密地基适用于处理地下水位以上，深度5～15m的湿陷性黄土或人工填土地基

H. 土桩主要适用于消除湿陷性黄土地基的湿陷性

I. 灰土桩主要适用于提高人工填土地基的承载力

J. 深层搅拌法适宜于加固各种成因的淤泥质土、黏土和粉质黏土等

K. 高压喷射注浆法适用于处理淤泥、淤泥质土、流塑、软塑或可塑黏性土、粉土、砂土、黄土、素填土和碎石土等地基

L. 高压喷射注浆法分旋喷、定喷和摆喷三种类别

M. 根据工程需要和土质要求，施工时可分别采用单管法、二重管法、三重管法和多重管法

N. 高压喷射注浆法固结体形状可分为垂直墙状、水平板状、柱列状和群状

细说考点

1. 本考点考查的是地基加固处理，考查难度较大，题目综合性较强，建议考生着重理解和掌握这部分内容。

2. 本考点还可能以填空的形式进行考查，如：

（1）重锤夯实法适用于（ ）。

（2）高压喷射注浆法分（ ）三种类别。

3. 要想更有把握地在考试中拿到本考点所涉及的1～2分，对于以下几点内容，考生应着重进行理解和掌握：

（1）以下土层中不宜采用重锤夯实法夯实地基的是软黏土。

（2）地基处理常采用强夯法，其特点在于采取相应措施还可用于水下夯实。

（3）关于地基夯实加固处理成功的经验是工业废渣、垃圾地基适宜采用强夯法。

（4）土桩和灰土桩挤密地基是由桩间挤密土和填夯的桩体组成的。

（5）土桩和灰土桩不宜用于含水量超过25%的人工填土地基。

（6）在砂性土中施工直径2.5m的高压喷射注浆桩，应采用多重管法。

考点41　桩基础施工

（题干）关于桩基础施工的说法，正确的有（ABCDEFGHIJKLMNOPQRSTU）。

A. 现场预制桩多用重叠法预制，重叠层数不宜超过4层，层与层之间应涂刷隔离剂

B. 现场预制桩施工时，上层桩或邻近桩的灌注，应在下层桩或邻近桩混凝土达到设计强度等级的30%以后方可进行

C. 钢筋混凝土预制桩应在混凝土达到设计强度的70%时方可起吊

D. 钢筋混凝土预制桩应在混凝土达到设计强度的100%时方可运输和打桩

E. 桩在起吊和搬运时，吊点应符合设计要求，满足吊桩弯矩最小的原则

F. 桩锤的选择应先根据施工条件确定桩锤的类型，然后再决定锤重

G. 锤重应有足够的冲击能，锤重应大于等于桩重

H. 当锤重大于桩重的1.5～2倍时，能取得良好的效果

I. 当桩重大于2t时，锤重不能小于桩重的75%

J. 一般当基坑不大时，打桩应从中间分头向两边或四周进行

K. 当基坑较大时，应将基坑分为数段，而后在各段范围内分别进行

L. 打桩应避免自外向内，或从周边向中间进行

M. 当桩基的设计标高不同时，打桩顺序宜先深后浅

N. 当桩的规格不同时，打桩顺序宜先大后小、先长后短

O. 静力压桩施工工艺程序为：测量定位→压桩机就位→吊桩、插桩→桩身对中调直→静压沉桩→接桩→再静压沉桩→送桩→终止压桩→切割桩头

P. 焊接接桩应用最多

Q. 硫黄胶泥锚接只适用于软弱土层

R. 焊接接桩钢板宜用低碳钢，焊条宜用E43焊条

S. 焊接接桩，焊接时应先将四角点焊固定，然后对称焊接，并应确保焊缝质量和设计尺寸

T. 法兰接桩时钢板和螺栓宜用低碳钢并紧固牢靠

U. 硫黄胶泥锚接桩使用的硫黄胶泥配合比应通过试验确定

细说考点

1. 本考点考查的是桩基础施工，涉及的内容较多，考生应对这部分内容进行全面了解。

2. 本考点还可能以填空的形式进行考查，如：

(1) 现场预制桩多用重叠法预制，重叠层数不宜超过（　　）层，层与层之间应涂刷隔离剂。

(2) 当桩重大于 2t 时，锤重不能小于桩重的（　　）。

3. 要想更有把握地在考试中拿到本考点所涉及的 1～2 分，对于以下几点内容，考生应着重进行理解和掌握：

(1) 现场采用重叠法预制钢筋混凝土桩时，应在下层桩混凝土强度达到设计强度等级的 30%时再浇筑下层桩。

(2) 钢筋混凝土预制桩应在混凝土强度达到设计强度的 100%时方可运输。

(3) 钢筋混凝土预制桩的强度达到设计强度的 70%时方可起吊。

(4) 钢筋混凝土预制桩锤击沉桩法施工，通常采用重锤低击的打桩方式。

(5) 采用锤击法打预制钢筋混凝土桩，方法正确的有：桩重小于 2t 时，可采用 1.5～2 倍桩重的桩锤。

(6) 打桩机正确的打桩顺序为先大后小。

(7) 静力压桩正确的施工工艺流程是：定位→吊桩→对中→压桩→接桩→压桩→送桩→切割桩头。

(8) 在钢筋混凝土预制桩打桩施工中，仅适用于软弱土层的接桩方法是硫磺胶泥锚接。

(9) 爆扩成孔灌注桩的主要优点在于扩大桩底支撑面。

考点 42　砌筑工程施工

(题干) 关于砌筑工程施工的说法，正确的有 (ABCDEF)。

A. 墙体应砌成马牙槎

B. 马牙槎凹凸尺寸不宜小于 60mm，高度不应超过 300mm

C. 马牙槎应先退后进，对称砌筑

D. 拉结钢筋应沿墙高每隔 500mm 设 2ϕ6，伸入墙内距离不宜小于 600mm

E. 钢筋的竖向移位不应超过 100mm

F. 钢筋的竖向移位，每一构造柱不得超过 2 处

细说考点

1. 本考点主要考查施工过程中的一些注意事项，考查难度一般，但考查的可能性

较大，建议考生熟练掌握。

2.本考点还可能以填空的形式进行考查，如：

(1) 墙体应砌成（　　）。

(2) 钢筋的竖向移位，每一构造柱不得超过（　　）处。

考点43　钢筋混凝土工程施工

(题干) 关于钢筋混凝土工程施工的说法，正确的有（ABCDEFGHIJKLMNOPQRSTUVWXYZA′B′C′D′E′F′G′H′）。

A.手动剪切器一般只用于剪切直径小于12mm的钢筋

B.钢筋剪切机可剪切直径小于40mm的钢筋

C.直径大于40mm的钢筋需用锯床锯断或用氧-乙炔焰或电弧割切

D.设计要求钢筋末端作135°弯钩时，HRB335级、HRB400级钢筋的弯弧内直径不应小于4d（d为钢筋直径）

E.一般结构，箍筋弯钩的弯折角度不宜小于90°

F.有抗震等要求的结构，箍筋弯钩的弯折角度应为135°

G.直接承受动力荷载的结构构件中，不宜采用焊接接头，当采用机械连接接头时，不应大于50%

H.闪光对焊广泛应用于钢筋纵向连接及预应力钢筋与螺丝端杆的焊接

I.台模主要用于浇筑平板式或带边梁的楼板

J.当设计强度等级大于或等于C60时，配制强度$f_{cu,o} \geq 1.15 f_{cu,k}$

K.可按施工要求的混凝土坍落度及集料的种类、规格选定单位用水量

L.计算的水泥用量不宜超过550kg/m^3，若超过应提高水泥强度等级

M.自落式混凝土搅拌机适用于搅拌塑性混凝土

N.强制式搅拌机宜用于搅拌干硬性混凝土和轻集料混凝土

O.搅拌机进料容量宜控制在搅拌机的额定容量以下

P.掺和料宜与水泥同步投料

Q.液体外加剂宜滞后于水和水泥投料

R.粉状外加剂宜溶解后再投料

S.二次投料法的混凝土与一次投料法相比，可提高混凝土强度，在强度相同的情况下，可节约水泥

T.混凝土结构构件表面以内40～80mm位置处的温度与混凝土结构构件内部温度的差值不宜大于25℃

U.混凝土结构构件表面以内40～80mm位置处的温度与混凝土结构构件表面温度的差值不宜大于25℃

V.应在浇筑完毕后的12d以内对混凝土加以覆盖并保湿养护

W. 干硬性混凝土应于浇筑完毕后立即进行养护

X. 当日最低温度低于5℃时，混凝土不应采用洒水养护

Y. 混凝土保湿养护可采用洒水、覆盖、喷涂养护剂等方式

Z. 采用硅酸盐水泥、普通硅酸盐水泥或矿渣硅酸盐水泥配制的混凝土，洒水养护的时间不应少于7d

A′. 采用缓凝型外加剂、大掺量矿物掺和料配制的混凝土，洒水养护的时间不应少于14d

B′. 抗渗混凝土、强度等级C60及以上的混凝土，洒水养护的时间不应少于14d

C′. 后浇带混凝土的养护时间不应少于14d

D′. 地下室底层和上部结构首层柱、墙混凝土带模养护时间，不宜少于3d

E′. 混凝土强度达到1.2N/mm^{2}前，不得在其上踩踏、堆放荷载、安装模板及支架

F′. 冬期施工配制混凝土宜选用硅酸盐水泥或普通硅酸盐水泥

G′. 冬期施工配制混凝土采用蒸汽养护时，宜选用矿渣硅酸盐水泥

H′. 采用非加热养护方法时，混凝土含气量宜控制在3.0%～5.0%

细说考点

1. 本考点考查的是钢筋混凝土工程施工，内容较多，而且相对来说比较分散，需要考生重点掌握。

2. 本考点还可能以填空的形式进行考查，如：

(1) 手动剪切器一般只用于剪切直径小于（　　）的钢筋。

(2) 宜用于搅拌干硬性混凝土和轻集料混凝土的搅拌机是（　　）。

3. 要想更有把握地在考试中拿到本考点所涉及的1～2分，对于以下几点内容，考生应着重进行理解和掌握：

(1) 一般构件的箍筋加工时，应使弯钩的弯折角度不小于90°。

(2) 在直接承受动力荷载的钢筋混凝土构件中，纵向受力钢筋的连接方式不宜采用闪光对焊连接。

(3) 主要用于浇筑平板式楼板或带边梁楼板的工具式模板为台模。

(4) 设计混凝土配合比时，水灰比主要由以下指标确定：混凝土施工配制强度和水泥强度等级值。

(5) 混凝土配合比设计的要求包括：

① 水灰比需根据粗集料特性采用回归系数计算确定；

② 单位用水量可根据坍落度和集料特性参照规程选用；

③ 水泥用量不宜大于550kg/m^3。

(6) 出料量300L的强制式搅拌机拌制坍落度55mm的混凝土，搅拌时间不得少于60s。

(7) 选择二次投料法搅拌可提高混凝土强度。

(8) 施工配料的主要依据是混凝土设计配合比。

(9) 混凝土冬期施工时，应注意适当添加引气剂。

考点 44　预应力混凝土工程施工

(题干) 关于预应力混凝土工程施工的说法，正确的有 (ABCDEFGHIJKLMN)。

A. 冷拉钢筋的塑性和弹性模量有所降低，屈服强度和硬度有所提高

B. 冷拉钢筋可直接用作预应力钢筋

C. 先张法多用于预制构件厂生产定型的中小型构件

D. 先张法常用于生产预应力桥跨结构

E. 预应力筋张拉时，如设计无具体要求，混凝土强度不应低于设计的混凝土立方体抗压强度标准值的 75%

F. 混凝土可采用自然养护或湿热养护

G. 当预应力混凝土构件进行湿热养护时，应采取正确的养护制度，以减少由于温差引起的预应力损失

H. 锚具是建立预应力值和保证结构安全的关键

I. 孔道留设是后张法构件制作的关键工序之一

J. 后张粘结预应力筋预留孔道的定位应牢固，浇筑混凝土时不应出现移位和变形

K. 后张粘结预应力筋预留孔道应平顺，端部的预埋锚垫板应垂直于孔道中心线

L. 后张粘结预应力筋预留孔道成孔用管道应密封良好，接头应严密且不得漏浆

M. 对后张法预应力梁，现浇结构混凝土的龄期不宜小于 7d

N. 对后张法预应力板，现浇结构混凝土的龄期不宜小于 5d

细说考点

1. 本考点考查的是预应力混凝土工程施工，考查难度较大，多以单项选择题的形式进行考查，建议考生熟练掌握这部分内容。

2. 本考点还可能以填空的形式进行考查，如：

(1) 先张法多用于预制构件厂生产定型的（　　）。

(2) 孔道留设是（　　）构件制作的关键工序之一。

3. 要想更有把握地在考试中拿到本考点所涉及的 1～2 分，对于以下几点内容，考生应着重进行理解和掌握：

(1) 先张法预应力混凝土构件施工，其工艺流程为：支底模→预应力钢筋安放→张拉钢筋→支侧模→浇筑混凝土→拆模→放张钢筋。

(2) 预应力混凝土构件先张法施工工艺流程为：安底模、骨架、钢筋→张拉→支侧模→浇灌→养护→拆模→放松。

(3) 先张法预应力混凝土施工，应先支设底模再安放骨架，张拉钢筋后再支设侧模。

(4) 先张法预应力混凝土施工，混凝土宜采用自然养护和湿热养护。

(5) 先张法预应力混凝土施工，预应力钢筋需待混凝土达到一定的强度值方可放张。

（6）对先张法预应力钢筋混凝土构件进行湿热养护，采取合理养护制度的主要目的是减少由于温差引起的预应力损失。

（7）后张法张拉预应力筋时，设计无规定的，构件混凝土的强度不低于设计强度等级的75%。

考点45　钢结构工程施工

（题干）关于钢结构工程施工的说法，正确的有（ABCDE）。

A. 构件平装法适用于长18m以内的钢柱的拼装

B. 构件平装法适用于跨度6m以内的天窗架的拼装

C. 构件平装法适用于跨度21m以内的钢屋架的拼装

D. 钢屋架侧向刚度较差，安装前需进行吊装稳定性验算

E. 钢屋架吊装稳定性不足时，通常可在钢屋架上下弦处绑扎杉木杆加固

细说考点

1. 本考点考查的是钢结构工程施工，相对于钢筋混凝土工程和预应力混凝土工程而言，主要的采分点是对构件平装法和钢屋架吊装的考查。

2. 本考点还可能以填空的形式进行考查，如：

（1）构件平装法适用于跨度（　　）以内的天窗架的拼装。

（2）钢屋架吊装稳定性不足时，通常可采取的措施是（　　）。

3. 要想更有把握地在考试中拿到本考点所涉及的1～2分，对于以下两点内容，考生应着重进行理解和掌握：

（1）跨度18m的钢屋架拼装应采用构件平装法。

（2）单层钢结构厂房在安装前需要进行吊装稳定性验算的钢结构构件是钢屋架。

考点46　结构吊装工程施工

（题干）关于汽车起重机施工的说法，正确的有（ABCD）。

A. 不能负荷行驶

B. 机动灵活性好

C. 能够迅速转移场地

D. 广泛用于土木工程

E. 不适合在松软的地面上工作

F. 不适合在泥泞的地面上工作

G. 适用于4层以下结构

H. 适用于4～10层结构

I. 适用于10层以上结构

J. 可单侧布置

K. 可减少起重机变幅和索具的更换次数

L. 可提高吊装效率

M. 能充分发挥起重机的工作能力

N. 不能为后继工序及早提供工作面

O. 多用于单层工业厂房结构吊装

P. 常用于焊接球节点网架吊装

Q. 不需要高大的拼装支架

R. 高空作业少

S. 易保证整体焊接质量

T. 需要大起重量的起重设备

U. 技术较复杂

V. 较适合焊接球节点钢管网架

W. 柱网布置灵活

X. 设计结构单一

Y. 各层板叠浇制作

Z. 节约大量模板

A′. 提升设备简单

B′. 不用大型机械

C′. 高空作业减少

D′. 施工较为安全

E′. 劳动强度减轻

F′. 机械化程度提高

G′. 节省施工用地

H′. 适宜狭窄场地施工

I′. 用钢量较大

J′. 造价偏高

细说考点

1. 本考点主要的采分点是各种施工机械和施工方法的特点和适用范围，建议考生熟练掌握。

2. 本考点还可能进行考查的题目如下：

（1）轮胎起重机的特点包括（EF）。

（2）预制构件在预制时应尽可能采用叠浇法，该方法的适用范围一般为（G）。

（3）塔式起重机的适用范围为（H）。

（4）自升式塔式起重机的适用范围为（I）。

（5）当房屋平面宽度较小，构件也较轻时，塔式起重机（J）。

（6）分件吊装法施工的特点包括（KLMN）。

（7）分件吊装法施工的适用范围为（O）。

（8）大跨度结构整体吊装法施工的特点包括（PQRSTUV）。

（9）升板法施工的特点包括（WXYZA′B′C′D′E′F′G′H′I′J′）。

3. 要想更有把握地在考试中拿到本考点所涉及的 1～2 分，对于以下两点内容，考生应着重进行理解和掌握：

（1）对于大跨度的焊接球节点钢管网架的吊装，出于防火等考虑，一般选用大跨度结构整体吊装法施工。

（2）相对其他施工方法，板柱框架结构的楼板采用升板法施工的优点是不用大型机械，适宜狭地施工。

考点 47　装饰装修工程施工

（题干）关于墙面铺装工程的说法，正确的有（ABCDEFGHIJKLMNOPQRSTUVWXY）。

A. 墙面砖铺贴前应进行挑选，并应浸水 2h 以上，晾干表面水分

B. 铺贴前应进行放线定位和排砖，非整砖应排放在次要部位或阴角处

C. 每面墙不宜有两列非整砖，非整砖宽度不宜小于整砖的 1/3

D. 铺贴前应确定水平及竖向标志，垫好底尺，挂线铺贴

E. 墙面砖表面应平整，接缝应平直，缝宽应均匀一致

F. 阴角砖应压向正确，阳角线宜做成 45°角对接

G. 在墙面突出物处，阴角砖应整砖套割吻合，不得用非整砖拼凑铺贴

H. 结合砂浆宜采用 1∶2 水泥砂浆，砂浆厚度宜为 6～10mm

I. 水泥砂浆应满铺在墙砖背面，一面墙不宜一次铺贴到顶

J. 墙面砖铺贴前应进行挑选，并应按设计要求进行预拼

K. 强度较低或较薄的石材应在背面粘贴玻璃纤维网布

L. 当采用湿作业法施工时，固定石材的钢筋网应与预埋件连接牢固

M. 每块石材与钢筋网拉接点不得少于 4 个

N. 拉接用金属丝应具有防锈性能

O. 灌注砂浆前应将石材背面及基层湿润

P. 灌注砂浆宜用 1∶2.5 水泥砂浆

Q. 灌注砂浆时应分层进行，每层灌注高度宜为 150～200mm，且不超过板高的 1/3

R. 当采用粘贴法施工时，基层处理应平整但不应压光

S. 胶液应均匀、饱满地刷抹在基层和石材背面

T. 石材就位时应准确，并应立即挤紧、找平、找正，进行顶、卡固定

U. 打孔安装木砖或木楔，深度应不小于 40mm，木砖或木楔应做防腐处理

V. 当设计无要求时，龙骨横向间距宜为 300mm

W. 当设计无要求时，龙骨竖向间距宜为 400mm

X. 龙骨与木砖或木楔连接应牢固

Y. 龙骨木质基层板应进行防火处理

细说考点

1. 本考点考查的是装饰装修工程施工，考核内容较少，主要的采分点是关于涂饰工程的内容，其他内容次之。

2. 本考点还可能以填空的形式进行考查，如：

(1) 墙面砖铺贴前应进行挑选，并应浸水（　　）以上，晾干表面水分。

(2) 墙面铺装工程中，每面墙不宜有两列非整砖，非整砖宽度不宜小于整砖的（　　）。

(3) 墙面铺装工程中，阴角砖应压向正确，阳角线宜做成（　　）°角对接。

3. 要想更有把握地在考试中拿到本考点所涉及的 1～2 分，对于以下几点内容，考生应着重进行理解和掌握：

(1) 混凝土或抹灰基层涂刷溶剂型涂料时，含水率不得大于 8%。

(2) 混凝土或抹灰基层涂刷水性涂料时，含水率不得大于 10%。

(3) 木质基层在涂刷涂料时，含水率不得大于 12%。

考点 48　屋面防水工程施工

（题干）关于屋面防水工程施工的说法，正确的有（ABCDEFGHI）。

A. 当卷材防水层上有重物覆盖或基层变形较大时，应优先采用空铺法、点粘法、条粘法或机械固定法

B. 距屋面周边 800mm 内以及叠层铺贴的各层之间应满粘

C. 当防水层采取满粘法施工时，找平层的分隔缝处宜空铺，空铺的宽度宜为 100mm

D. 当屋面坡度小于 3%时，宜平行于屋脊铺贴

E. 当屋面坡度在 3%～15%时，为便于施工操作，卷材应尽可能地优先采用平行于屋脊的方向铺贴

F. 当屋面坡度大于 15%或屋面受振动时，沥青油毡应垂直于屋脊方向铺贴

G. 当屋面坡度大于 25%时，一般不宜使用卷材做防水层

H. 当采用叠层卷材组成防水层时，上下层卷材不允许相互垂直铺贴

I. 铺贴天沟、檐沟卷材时，宜顺天沟、檐沟方向铺贴，减少卷材的搭接

细说考点

1. 本考点可能以多项选择题的形式进行考核，考生应重点掌握。

2. 本考点还可能以填空的形式进行考查，如：

（1）距屋面周边 800mm 内以及叠层铺贴的各层之间应（　　）。

（2）当屋面坡度小于 3%时，宜（　　）铺贴。

（3）当屋面坡度大于 15%或屋面受振动时，沥青油毡应（　　）铺贴。

3. 要想更有把握地在考试中拿到本考点所涉及的 1～2 分，对于以下两点内容，考生应着重进行理解和掌握：

（1）屋面坡度大于 25%时，卷材防水层应采取固定措施。

（2）铺贴卷材时，上下层卷材长边搭接缝应错开，且不应小于幅宽的 1/3。

考点 49　施工组织设计的编制内容

（题干）下列施工组织设计内容中，属于施工组织总设计内容的有（ABCDEFG）。

A. 建设项目的工程概况

B. 施工部署及核心工程的施工方案

C. 全场性施工准备工作计划

D. 施工总进度计划

E. 各项资源需求量计划

F. 全场性施工总平面图设计

G. 主要技术经济指标

H. 工程概况及施工特点分析
I. 施工方案的选择
J. 单位工程施工准备工作计划
K. 单位工程施工进度计划
L. 单位工程施工总平面图设计
M. 技术组织措施、质量保证措施和安全施工措施
N. 施工方法和施工机械的选择
O. 分部（分项）工程的施工准备工作计划
P. 分部（分项）工程的施工进度计划
Q. 作业区施工平面布置图设计

细说考点

本考点还可能进行考查的题目如下：

（1）下列施工组织设计内容中，属于单位工程施工组织设计内容的有（EGHIJKLM）。

（2）下列施工组织设计内容中，属于分部（分项）工程施工组织设计内容的有（EHMNOPQ）。

考点 50　施工组织设计的编制原理及方法

（题干）下列有关施工组织设计的表述，正确的有（ABCDEF）。

A. 只有在编制施工总进度计划后才可编制资源需求量计划

B. 对于简单工程，可以只编制施工方案及施工进度计划和施工平面图

C. 只有在拟订施工方案后才可编制施工总进度计划

D. 确定资源需求量计划之前应完成的工作有：确定施工总体部署、拟订施工方案、编制施工总进度计划

E. 在编制施工组织总设计时，收集和熟悉有关资料和图样、调查项目特点和施工条件、计算主要工种的工程量、确定施工的总体部署和施工方案后，应进行的工作是编制施工总进度计划

F. 在拟订施工方案前，尚需完成的工作是调查研究与收集资料

细说考点

1. 以上备选项都是独立的采分点，可以单独进行考查。

2. 掌握施工组织总设计的编制程序，其程序是：收集资料→计算工程量→确定施工的总体部署→拟订施工方案→编制总进度计划→编制资源需求量计划→编制施工准备工作计划→总平面图设计→计算指标。

第二章
工程计量

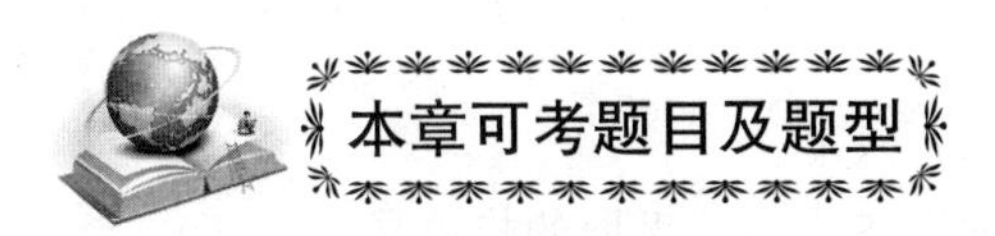

考点1　工程量计算规范和消耗量定额

(题干) 关于工程量计算规范和消耗量定额的说法，正确的有 (ABCDEFGHIJKLMNOPQR)。

A. 项目特征的本质是对分部分项工程的质量要求

B. 确定一个清单项目综合单价不可缺少的重要依据是项目特征

C. 在编制工程量清单时，必须对项目特征进行准确和全面的描述

D. 项目特征是区分具体清单项目的依据

E. 项目特征是确定综合单价的前提

F. 项目特征是履行合同义务的基础

G. 在施工过程中，如果施工图纸中的特征与标价的工程量清单中分部分项工程项目特征不一致，可按合同约定调整该分部分项工程的综合单价

H. 在施工过程中，如果施工图纸中的特征发生变化，可按合同约定调整该分部分项工程的综合单价

I. 工程量计算原则是按施工图图示尺寸（数量）计算工程实体工程数量的净值

J. 在清单编制时不需要描述工作内容

K. 项目特征体现了清单项目质量或特性的要求或标准

L. 工作内容体现的是完成一个合格的清单项目需要具体做的施工作业

M. 对于一项明确了分部分项工程项目或措施项目的工程，确定其工程成本的是工作内容

N. 在编制工程量清单时，若出现《工程量计算规范》附录中未包括的清单项目，编制人应做补充，并报省级或行业工程造价管理机构备案

O. 对于《工程量计算规范》附录中未包括的清单项目编制人所做的补充，省级或行业工程造价管理机构应汇总报住房和城乡建设部标准定额研究所

P.《工程量计算规范》中的计算规则是根据主体工程项目设置的

Q. 清单项目综合的工作内容多于定额项目综合的工作内容

R. 工程量清单项目的计量单位一般采用基本的物理计量单位或自然计量单位

细说考点

1. 本考点考查的是工程量计算规范和消耗量定额，考查难度一般，考生简单了解即可。

2. 本考点还可能以填空的形式进行考查，如：

（1）区分具体清单项目的依据是（　　）。

（2）确定综合单价的前提是（　　）。

（3）在施工过程中，如果施工图纸中的特征发生变化，可采取的措施是（　　）。

3. 要想更有把握地在考试中拿到本考点所涉及的 1～2 分，对于以下几点内容，考生应着重进行理解和掌握：

（1）编制房屋建筑工程施工招标的工程量清单，对第一项现浇混凝土无梁板的清单项目应编码为 010506002001。

（2）建设工程工程量清单中工作内容描述的主要作用是反映清单项目需要的具体作业。

考点 2　平法标准图集

（题干）关于平法标准图集的说法，正确的有（ABCDEFGHIJKLM）。

A. 实施平法可减少图纸数量

B. 实施平法可实现平面表示，整体标注

C. 柱编号由柱类型代号和序号组成

D. KL7（5A）表示 7 号楼层框架梁，5 跨，一端悬挑

E. 等截面梁的截面尺寸用 $b \times h$ 表示

F. 竖向加腋梁的截面尺寸用 $b \times h$、$\mathrm{Y}c_1 \times c_2$ 表示

G. 水平加腋梁的截面尺寸用 $b \times h$、$\mathrm{PY}c_1 \times c_2$ 表示

H. 根部和端部高度不同的悬挑梁，其截面尺寸即为 $b \times h_1/h_2$

I. Φ8@100（4）/150（2），表示箍筋为 HPB235 钢筋，直径为 8，加密区间距为 100，四肢箍；非加密区间距为 150，两肢箍

J. “2Φ22＋（4Φ12）”，表示 2Φ22 为通长钢筋，4Φ12 为架立筋，用于六肢箍

K. G4Φ12，表示梁的两个侧面配置 4Φ12 的纵向构造钢筋，每侧面各配置 2Φ12

L. N6Φ22，表示梁的两个侧面配置 6Φ22 的受扭纵向钢筋，每侧面各配置 3Φ22

M. LB5h＝110B：XΦ12@120；YΦ10@10，表示 5 号楼面板，板厚 110mm，板下部 X 向贯通纵筋Φ12@120，板下部 Y 向贯通纵筋Φ10@100，板上部未配置贯通纵筋

细说考点

1. 本考点考查的是平法标准图集，这部分内容主要的采分点在于平法施工图的读

写，要求考生理解相关标注的含义。

2. 本考点还可能以填空的形式进行考查，如：

(1) KL7 (5A) 表示 (　　)。

(2) Φ8@100 (4) /150 (2)，表示 (　　)。

(3) "2Φ22+ (4Φ12) "，表示 (　　)。

考点3　工程量计算顺序

(题干) 单位工程工程量的计算顺序为 (ABCD)。

A. 根据专业图纸按由前向后，"先平面→再立面→再剖面；先基本图→再详图"的顺序计算

B. 按消耗量定额的分部分项顺序计算

C. 按工程量计算规范顺序计算

D. 按施工顺序计算

E. 按照顺时针方向计算法

F. 按"先横后竖、先上后下、先左后右"计算法

G. 按图纸分项编号顺序计算法

H. 按照图纸上定位轴线编号计算

细说考点

1. 本考点考查的是工程量计算顺序，这部分内容考查较少，考生简单了解即可。

2. 本考点还可能进行考查的题目如下：

单个分部分项工程的工程量，其计算顺序包括 (EFGH)。

3. 本考点还可能以填空的形式进行考查，如：

单位工程工程量采用专业图纸进行计算时，其顺序为 (　　)。

考点4　用统筹法计算工程量

(题干) 关于用统筹法计算工程量的说法，正确的有 (ABCDEF)。

A. 若基础断面不同，应分段计算基础工程量

B. 多层建筑物各楼层的建筑面积或砌体砂浆强度等级不同时，可分层计算

C. 在同一分项工程中，遇到局部外形尺寸或结构不同时，可先将其看作相同条件计算，然后再加上多出部分的工程量

D. 楼地面工程中，若各层楼面除每层盥洗间为水磨石面层外，其余均为水泥砂浆面层，则可先按各楼层均为水泥砂浆面层计算，然后补减盥洗间的水磨石地面工程量

E. 统筹图主要由计算工程量的主次程序线、基数、分部分项工程量计算式及计算单位

组成

F. 采用统筹法计算工程量，应先熟悉图纸，再进行基数计算，再计算分项工程量，再计算其他项目，最后进行整理与汇总

细说考点

1. 本考点简单了解即可。

2. 本考点还可能以填空的形式进行考查，如：

（1）若基础断面不同，在计算基础工程量时，应（　　）。

（2）多层建筑物各楼层的建筑面积或砌体砂浆强度等级不同时，可（　　）计算工程量。

3. 要想更有把握地在考试中拿到本考点所涉及的 1～2 分，对于以下几点内容，考生应着重进行理解和掌握：

（1）统筹法计算工程量常用的“三线一面”中的“三线”是指建筑物的外墙中心线、外墙外边线和内墙净长线；“一面”是指建筑物底层建筑面积。

（2）统筹图主要由主次程序线、基数、分部分项工程量计算式及计算单位组成。

（3）统筹法计算工程量的基本要点包括：统筹程序，合理安排；利用基数，连续计算；一次算出，多次使用；结合实际，灵活机动。

考点 5　建筑面积的概念及作用

（题干）关于建筑面积的概念及作用的说法，正确的有（ABCDEFGHIJKL）。

A. 建筑物各层平面布置中，可直接为生产或生活使用的净面积总和是使用面积

B. 建筑物各层平面布置中为辅助生产或生活所占净面积的总和是辅助面积

C. 建筑物的使用面积与辅助面积的总和称为有效面积

D. 建筑物各层平面布置中的墙体、柱等结构所占面积的总和是结构面积

E. 根据项目立项批准文件所核准的建筑面积，是初步设计的重要控制指标

F. 对于国家投资的项目，施工图的建筑面积不得超过初步设计的 5%，否则必须重新报批

G. 对于国家投资的项目，施工图的建筑面积如超过初步设计的 5%，必须重新报批

H. 建筑面积是确定建设规模的重要指标

I. 建筑面积是确定各项技术经济指标的基础

J. 建筑面积是评价设计方案的依据

K. 建筑面积是计算有关分项工程量的依据和基础

L. 建筑面积是选择概算指标和编制概算的基础数据

细说考点

1. 本考点考查的是建筑面积的概念及作用，建议考生熟练掌握这部分内容。

2. 本考点还可能以填空的形式进行考查，如：

（1）根据项目立项批准文件所核准的建筑面积，是（　　）的重要控制指标。

（2）对于国家投资的项目，施工图的建筑面积如超过初步设计的（　　），必须重新报批。

（3）确定建设规模的重要指标是（　　）。

考点6　建筑面积的计算范围及计算规则

（题干）关于建筑面积的计算范围及计算规则的说法，正确的有（ABCDEFGHIJKLMNOPQRSTUVW）。

A. 建筑物结构层高在2.20m及以上者应计算全面积

B. 建筑物结构层高不足2.20m者应计算1/2面积

C. 单层建筑物内设有局部楼层者，局部楼层的二层及以上楼层，有围护结构的应按其围护结构外围水平面积计算

D. 单层建筑物内设有局部楼层者，局部楼层的二层及以上楼层，无围护结构的应按其结构底板水平面积计算

E. 多层建筑物首层应按其外墙勒脚以上结构外围水平面积计算

F. 多层建筑物二层及以上楼层应按其外墙结构外围水平面积计算

G. 多层建筑物坡屋顶、单层建筑物坡屋顶以及场馆看台下，当设计加以利用时，净高超过2.10m的部位应计算全面积

H. 多层建筑物坡屋顶、单层建筑物坡屋顶以及场馆看台下，当设计加以利用时，净高在1.20至2.10m部位应计算1/2面积

I. 多层建筑物坡屋顶内和场馆看台下，当设计不利用或室内净高不足1.20m时，不应计算面积

J. 设计加以利用、无围护结构的建筑吊脚架空层，应按其利用部位水平面积的1/2计算

K. 建筑物的门厅、大厅按一层计算建筑面积

L. 建筑物间有围护结构的架空走廊，应按其围护结构外围水平面积计算

M. 有围护结构的舞台灯光控制室，应按其围护结构外围水平面积计算

N. 有永久性顶盖无围护结构的场馆看台应按其顶盖水平投影面积的1/2计算

O. 跃层建筑共用的室内楼梯应按自然层计算面积

P. 跃层建筑上下两错层户室共用的室内楼梯，应选上一层的自然层计算面积

Q. 无柱雨篷结构的外边线至外墙结构外边线的宽度超过2.10m者，应按雨篷结构板的水平投影面积的1/2计算

R. 有柱雨篷应按雨篷的结构板水平投影面积的1/2计算

S. 有永久性顶盖的室外楼梯，应按建筑物自然层的水平投影面积的 1/2 计算

T. 最上层楼梯无永久性顶盖的建筑，上层楼梯不计算面积，下层楼梯应计算面积

U. 最上层楼梯雨篷不能完全遮盖楼梯的建筑，上层楼梯不计算面积，下层楼梯应计算面积

V. 高低联跨的建筑物，应以高跨结构外边线为界分别计算建筑面积

W. 高低联跨的建筑物，其高低跨内部连通时，其变形缝应计算在低跨面积内

细说考点

1. 本考点考查的是建筑面积的计算范围及计算规则，考查范围较广，采分点较为分散，考生可采用“关键词法”进行有效识记，比如记住一个“层高 2.20m”，基本可以解决 3～4 成可能遇到的考题了，一般情况下（具体情况具体分析），层高在 2.20m 及以上者应计算全面积，不足的计算 1/2 面积。

2. 本考点还可能以填空的形式进行考查，如：

（1）建筑物结构层高在（　　）及以上者应计算全面积。

（2）设计加以利用、无围护结构的建筑吊脚架空层，应按其利用部位水平面积的（　　）计算。

（3）建筑物的门厅、大厅按（　　）计算建筑面积。

3. 要想更有把握地在考试中拿到本考点所涉及的 1～2 分，对于以下几点内容，考生应着重进行理解和掌握：

（1）单层建筑物应按其外墙勒脚以上结构外围水平面积计算。

（2）应计算 1/2 建筑面积的建筑有：

①高度不足 2.20m 的单层建筑物；

②层高不足 2.20m 的地下室。

（3）以幕墙作为围护结构的建筑物按幕墙外边线计算建筑面积。

（4）多层建筑物二层以上楼层按其外墙结构外围水平面积计算，层高在 2.20m 及以上者计算全面积，其层高是指上下两层楼面结构标高之间的垂直距离。

（5）上下两错层户室共用的室内楼梯应选下一层的自然层计算。

（6）建筑物主体结构内的阳台按其结构外围水平面积计算，宽度超过 2.10m 的雨篷按结构板的水平投影面积的 1/2 计算。

（7）建筑物室外楼梯，其建筑面积依附于自然层按水平投影面积的 1/2 计算。

（8）最上层无永久性顶盖的室外楼梯的建筑，最上层楼梯不计算面积，下层楼梯应计算面积。

（9）内部连通的高低联跨建筑物内的变形缝应计入低跨面积。

（10）不计算建筑面积的建筑举例：建筑物室外台阶、空调室外机搁板、屋顶可上人露台等。

考点7　不计算建筑面积的范围

（题干）不计算建筑面积的范围包括（ABCDEFGHIJKLMNOPQR）。

A. 与建筑物内不相连通的建筑部件

B. 骑楼、过街楼底层的开放公共空间和建筑物通道

C. 舞台及后台悬挂幕布和布景的天桥、挑台等

D. 露台、露天游泳池、花架、屋顶的水箱及装饰性结构构件

E. 建筑物内的操作平台、上料平台、安装箱和罐体的平台

F. 勒脚、附墙柱、垛、台阶、墙面抹灰、装饰面、镶贴块料面层、装饰性幕墙

G. 主体结构外的空调室外机搁板（箱）、构件、配件

H. 挑出宽度在2.10m以下的无柱雨篷

I. 顶盖高度达到或超过两个楼层的无柱雨篷

J. 窗台与室内地面高差在0.45m以下且结构净高在2.10m以下的凸（飘）窗

K. 窗台与室内地面高差在0.45m及以上的凸（飘）窗

L. 室外爬梯

M. 室外专用消防钢楼梯

N. 无围护结构的观光电梯

O. 建筑物以外的地下人防通道

P. 建筑物以外独立的烟囱、烟道、地沟

Q. 建筑物以外独立的油（水）罐、气柜、水塔、贮油（水）池、贮仓

R. 建筑物以外独立的栈桥

细说考点

1. 本考点考查的是不计算建筑面积的范围，该考点是很好的命题采分点，建议考生熟练掌握。

2. 本考点还可能以填空的形式进行考查，如:

（1）挑出宽度在（　　）以下的无柱雨篷，可不计算建筑面积。

（2）窗台与室内地面高差在（　　）及以上的凸（飘）窗，可不计算建筑面积。

考点8　土方工程工程量的计算规则与方法

（题干）关于土方工程工程量计算的说法，正确的有（ABCDEFGHIJKL）。

A. 平整场地按设计图示尺寸以建筑物首层建筑面积计算

B. 建筑物场地厚度≤±300mm的挖、填、运、找平，应按平整场地项目编码列项

C. 建筑物场地厚度>±300mm的竖向布置挖土或山坡切土应按一般土方项目编码列项

D. 挖一般土方按设计图示尺寸以体积计算

E. 挖土方如需截桩头时，应按桩基工程相关项目列项

F. 挖沟槽土方按设计图示尺寸以基础垫层底面积乘以挖土深度计算

G. 挖基坑土方按设计图示尺寸以基础垫层底面积乘以挖土深度计算

H. 基础土方开挖深度应按基础垫层底表面标高至交付施工场地标高确定，无交付施工场地标高时，应按自然地面标高确定

I. 冻土开挖按设计图示尺寸开挖面积乘以厚度以体积计算

J. 管沟土方可按设计图示以管道中心线长度计算

K. 管沟土方可按设计图示管底垫层面积乘以挖土深度以体积计算

L. 无管底垫层的管沟土方按管外径的水平投影面积乘以挖土深度计算

细说考点

1. 本考点考查的是土方工程工程量的计算规则与方法，考查难度较大，主要的采分点有两个，一个是考查工程量的计算方法，这个是主要的；另一个是考查计算工程量时需要扣除哪些部分，这个是次要的，但考查的难度较大，考生应着重于理解。

2. 本考点还可能以填空的形式进行考查，如：

（1）建筑物场地厚度小于等于（　　）的挖、填、运、找平，应按平整场地项目编码列项。

（2）挖一般土方按（　　）计算。

（3）挖土方如需截桩头时，应按（　　）列项。

3. 要想更有把握地在考试中拿到本考点所涉及的1～2分，对于以下几点内容，考生应着重进行理解和掌握：

（1）土石方工程中，建筑物场地厚度在±30cm以内的，平整场地工程量应按建筑物首层面积计算，挖一般土方应按设计图示尺寸以挖掘前天然密实体积计算，挖基坑土方工程量按设计图示尺寸以体积计算。

（2）基础土方开挖需区分沟槽、基坑和一般土方项目分别列项。

（3）在三类土中挖基坑不放坡的坑深可达1.5m。

（4）管沟土方工程量计算方法包括：

1）按设计管道中心线长度计算；

2）按设计管底垫层面积乘以深度计算；

3）按管道外径水平投影面积乘以深度计算。

（5）回填土方项目特征应包括填方来源及运距。

考点9　石方工程工程量的计算规则与方法

（题干）关于石方工程工程量计算的说法，正确的有（ABCDEFGH）。

A. 挖一般石方按设计图示尺寸以体积计算工程量

B. 挖土厚度>±300mm的竖向布置挖石或山坡凿石应按挖一般石方项目编码列项

C. 挖石方的工程量应按自然地面测量标高至设计地坪标高的平均厚度确定

D. 挖沟槽（基坑）石方按设计图示尺寸沟槽（基坑）底面积乘以挖石深度以体积计算

E. 管沟石方可按设计图示以管道中心线长度计算工程量

F. 管沟石方工程量可按设计图示截面积乘以长度以体积计算

G. 对于管沟石方，有管沟设计时，平均深度以沟垫层底面标高至交付施工场地标高计算

H. 对于管沟石方，无管沟设计时，直埋管深度应按管底外表面标高至交付施工场地标高的平均高度计算

细说考点

1. 本考点考查的是石方工程工程量的计算规则与方法，考查难度较大，主要的采分点有两个，一个是考查工程量的计算方法，这个是主要的；另一个是考查计算工程量时需要扣除哪些部分，这个是次要的，但考查的难度较大，考生应着重于理解。

2. 本考点还可能以填空的形式进行考查，如：

（1）挖一般石方按（　　）计算工程量。

（2）管沟石方可按（　　）计算工程量。

（3）对于管沟石方，有管沟设计时，平均深度以（　　）计算。

3. 要想更有把握地在考试中拿到本考点所涉及的1～2分，对于以下几点内容，考生应着重进行理解和掌握：

（1）山坡凿石按一般石方列项。

（2）石方工程量计算方法包括：

1）挖沟槽石方按沟槽设计底面积乘以挖石深度以体积计算；

2）挖管沟石方按设计图示以管道中心线长度以米计算；

3）挖管沟石方按设计图示截面积乘以长度以体积计算。

考点10　回填方工程量的计算规则与方法

（题干）关于回填方工程量计算的说法，正确的有（ABCD）。

A. 回填方工程量按设计图示尺寸以体积计算

B. 场地回填时，回填方的体积等于回填面积乘以平均回填厚度

C. 室内回填时，回填方的体积等于主墙间净面积乘以回填厚度，不扣除间隔墙

D. 基础回填时，回填方的体积等于挖方清单项目工程量减去自然地坪工程量

细说考点

1. 本考点考查的是回填方工程量的计算规则与方法，这部分内容考生简单了解即可。

2. 本考点还可能以填空的形式进行考查，如：

（1）回填方工程量按（　　）计算。

（2）场地回填时，回填方的体积等于（　　）。

（3）室内回填时，回填方的体积等于（　　）。

考点 11　地基处理与边坡支护工程工程量的计算规则与方法

（题干）关于地基处理与边坡支护工程工程量计量的说法，正确的有（ABCDEFGHIJKL）。

A. 换填垫层的工程量按设计图示尺寸以体积计算

B. 铺设土工合成材料的工程量按设计图示尺寸以面积计算

C. 预压地基、强夯地基的工程量，按设计图示处理范围以面积计算

D. 振冲密实（不填料）的工程量，按设计图示处理范围以面积计算

E. 振冲桩（填料）的工程量，按设计图示尺寸以桩长计算或以立方米计量

F. 振冲桩（填料）的工程量，按设计桩截面乘以桩长以体积计算

G. 深层搅拌桩的工程量，按设计图示尺寸以桩长计算

H. 粉喷桩的工程量，按设计图示尺寸以桩长计算

I. 柱锤冲扩桩的工程量，按设计图示尺寸以桩长计算

J. 地下连续墙的工程量，按设计图示墙中心线长乘以厚度乘以槽深以体积计算

K. 咬合灌注桩的工程量，可按设计图示尺寸以桩长（包括桩尖）计算

L. 咬合灌注桩的工程量，可按设计图示数量计算

细说考点

1. 本考点考查的是地基处理与边坡支护工程工程量的计算规则与方法，考查难度较大，主要的采分点有两个，一个是考查工程量的计算方法，这个是主要的；另一个是考查计算工程量时需要扣除哪些部分，这个是次要的，但考查的难度较大，考生应着重于理解。

2. 本考点还可能以填空的形式进行考查，如：

（1）振冲桩（填料）的工程量，可按（　　）计算。

（2）咬合灌注桩的工程量，可按（　　）计算。

3. 要想更有把握地在考试中拿到本考点所涉及的 1～2 分，对于以下几点内容，考生应着重进行理解和掌握：

（1）换填垫层按设计图示尺寸以体积计算。

（2）振冲密实不填料的地基，其工程量按图示处理范围以面积计算，填料振冲桩按设计图示尺寸以体积计算。

（3）深层搅拌桩的工程量按设计图示尺寸以桩长计算。

（4）地下连续墙的工程量应按设计图示墙中心线长乘以厚度乘以槽深以体积计算。

（5）预制钢筋混凝土板桩的工程量按设计图示数量以根计算。

考点12　桩基础工程工程量的计算规则与方法

（题干）关于桩基础工程工程量计算的说法，正确的有（ABCDEF）。

A. 预制钢筋混凝土方桩、预制钢筋混凝土管桩的工程量，以米计量，按设计图示尺寸以桩长（包括桩尖）计算

B. 预制钢筋混凝土方桩、预制钢筋混凝土管桩的工程量，以立方米计量，按设计图示截面积乘以桩长（包括桩尖）以实体积计算

C. 预制钢筋混凝土方桩、预制钢筋混凝土管桩的工程量，以根计量，按设计图示数量计算

D. 预制钢筋混凝土方桩、预制钢筋混凝土管桩项目，以成品桩考虑，应包括成品桩购置费

E. 预制钢筋混凝土方桩、预制钢筋混凝土管桩项目，如果用现场预制，应包括现场预制桩的所有费用

F. 打试验桩和打斜桩应按相应项目单独列项，并应在项目特征中注明试验桩或斜桩（斜率）

G. 钢管桩的工程量以吨计量，按设计图示尺寸以质量计算

H. 钢管桩的工程量以根计量，按设计图示数量计算

I. 截（凿）桩头的工程量以立方米计量，按设计桩截面乘以桩头长度以体积计算

J. 截（凿）桩头的工程量以根计量，按设计图示数量计算

K. 泥浆护壁成孔灌注桩工程量以米计量，按设计图示尺寸以桩长（包括桩尖）计算

L. 泥浆护壁成孔灌注桩工程量以立方米计量，按不同截面在桩上范围内以体积计算

M. 泥浆护壁成孔灌注桩工程量以根计量，按设计图示数量计算

N. 沉管灌注桩工程量以米计量，按设计图示尺寸以桩长（包括桩尖）计算

O. 沉管灌注桩工程量以立方米计量，按不同截面在桩上范围内以体积计算

P. 沉管灌注桩工程量以根计量，按设计图示数量计算

Q. 干作业成孔灌注桩工程量以米计量，按设计图示尺寸以桩长（包括桩尖）计算

R. 干作业成孔灌注桩工程量以立方米计量，按不同截面在桩上范围内以体积计算

S. 干作业成孔灌注桩工程量以根计量，按设计图示数量计算

T. 挖孔桩土（石）方的工程量，按设计图示尺寸（含护壁）截面积乘以挖孔深度以体积计算

U. 人工挖孔灌注桩的工程量，以立方米计量，按桩芯、混凝土体积计算

V. 人工挖孔灌注桩的工程量，以根计量，按设计图示数量计算

W. 钻孔压浆桩的工程量，以米计量，按设计图示尺寸以桩长计算

X. 钻孔压浆桩的工程量，以根计量，按设计图示数量计算

Y. 灌注桩后压浆的工程量，按设计图示以注浆孔数计算

细说考点

1. 本考点考查的是桩基础工程工程量的计算规则与方法，考查难度较大，主要的采分点有两个，一个是考查工程量的计算方法，这个是主要的；另一个是考查计算工程量时需要扣除哪些部分，这个是次要的，但考查的难度较大，考生应着重于理解。

2. 本考点还可能以填空的形式进行考查，如：

(1) 钢管桩的工程量，以吨计量，按（　　）计算。

(2) 泥浆护壁成孔灌注桩工程量以米计量，按（　　）计算。

(3) 沉管灌注桩工程量以根计量，按（　　）计算。

3. 要想更有把握地在考试中拿到本考点所涉及的 1～2 分，对于以下两点内容，考生应着重进行理解和掌握：

(1) 打预制钢筋混凝土管桩，按设计图示数量以根计算，截桩头工程量另计。

(2) 预制钢筋混凝土管桩试验桩应在工程量清单中单独列项。

考点 13　砖砌体工程量的计算规则与方法

（题干）关于砖砌体工程量计算的说法，正确的有（ABCDEFGHIJKL）。

A. 砖基础的工程量包括附墙垛基础宽出部分体积

B. 砖基础的工程量应扣除地梁（圈梁）、构造柱所占体积

C. 砖基础的工程量不扣除基础大放脚 T 形接头处的重叠部分所占体积

D. 砖基础的工程量不扣除嵌入基础内的钢筋、铁件、管道、基础砂浆防潮层所占体积

E. 砖基础的工程量不扣除单个面积≤0.3m^2 的孔洞所占体积

F. 基础与墙（柱）身使用同一种材料时，设计室内地面以下为基础，以上为墙（柱）身

G. 基础与墙身使用不同材料时，位于设计室内地面高度≤±300mm 时，以不同材料为分界线

H. 基础与墙身使用不同材料时，位于设计室内地面高度>±300mm 时，以设计室内地面为分界线

I. 砖围墙应以设计室外地坪为界，以下为基础，以上为墙身

J. 实心砖墙、多孔砖墙、空心砖墙的工程量，按设计图示尺寸以体积计算

K. 计算实心砖墙、多孔砖墙、空心砖墙的体积时，应扣除门窗洞口、过人洞、空圈、嵌入墙内的钢筋混凝土柱、梁、圈梁、挑梁、过梁所占体积

L. 计算实心砖墙、多孔砖墙、空心砖墙的体积时，应扣除凹进墙内的壁龛、管槽、暖气槽、消火栓箱所占体积

细说考点

1. 本考点考查的是砖砌体工程量的计算规则与方法，考查难度较大，主要的采分点有两个，一个是考查工程量的计算方法，这个是主要的；另一个是考查计算工程量时需要扣除哪些部分，这个是次要的，但考查的难度较大，考生应着重于理解。

2. 本考点还可能以填空的形式进行考查，如：

（1）基础与墙身使用不同材料时，位于设计室内地面高度小于等于（　　）时，以不同材料为分界线。

（2）基础与墙身使用不同材料时，位于设计室内地面高度大于（　　）时，以设计室内地面为分界线。

（3）砖围墙应以（　　）为界，以下为基础，以上为墙身。

考点14　石砌体和垫层工程量的计算规则与方法

（题干）关于石砌体和垫层的工程量计算的说法，正确的有（ABCDEFG）。

A. 石栏杆的工程量按设计图示尺寸以长度计算

B. 石护坡的工程量按设计图示尺寸以体积计算

C. 石地沟、石明沟的工程量按设计图示尺寸以中心线长度计算

D. 除混凝土垫层外，没有包括垫层要求的清单项目应按该垫层项目编码列项

E. 垫层的工程量按设计图示尺寸以体积计算

F. 石勒脚的工程量按设计图示尺寸以体积计算

G. 计算石勒脚工程量时，应扣除单个面积大于 $0.3m^2$ 的孔洞所占体积

细说考点

1. 本考点考查的是石砌体和垫层工程量的计算规则与方法，考查难度较大，主要的采分点有两个，一个是考查工程量的计算方法，这个是主要的；另一个是考查计算工程量时需要扣除哪些部分，这个是次要的，但考查的难度较大，考生应着重于理解。

2. 本考点还可能以填空的形式进行考查，如：

（1）垫层的工程量按（　　）计算。

（2）石勒脚的工程量按（　　）计算。

（3）计算石勒脚工程量时，应扣除单个面积大于（　　）的孔洞所占体积。

3. 要想更有把握地在考试中拿到本考点所涉及的 1～2 分，对于以下几点内容，考生应着重进行理解和掌握：

（1）砖基础工程量计算方法：外墙基础断面积（含大放脚）乘以外墙中心线长度以体积计算。

(2) 计算砌墙的工程量时，应扣除凹进墙内的管槽、暖气槽所占体积。

(3) 实心砖柱按设计尺寸以柱体积计算，钢筋混凝土梁垫、梁头所占体积应予扣除。

(4) 女儿墙的高度应从屋面板上表面算至女儿墙顶面。

(5) 石护坡工程量按设计图示尺寸以体积计算。

(6) 一般石栏杆按设计图示尺寸以长度计算。

考点 15　现浇混凝土基础工程量的计算规则与方法

(题干) 关于现浇混凝土基础工程量的计算规则与方法的说法，正确的有 (ABCD)。

A. 有肋带形基础、无肋带形基础应分别编码列项，并注明肋高

B. 箱式满堂基础及框架式设备基础中柱、梁、墙、板按现浇混凝土柱、梁、墙、板分别编码列项

C. 箱式满堂基础底板按满堂基础项目列项

D. 框架设备基础的基础部分按设备基础列项

细说考点

1. 本考点考查的是现浇混凝土基础工程量的计算规则与方法，考查难度较大，主要的采分点有两个，一个是考查工程量的计算方法，这个是主要的；另一个是考查计算工程量时需要扣除哪些部分，这个是次要的，但考查的难度较大，考生应着重于理解。

2. 本考点还可能以填空的形式进行考查，如：

框架设备基础的基础部分按 (　　) 列项。

考点 16　现浇混凝土柱工程量的计算规则与方法

(题干) 关于现浇混凝土柱工程量的计算规则与方法的说法，正确的有 (ABCDEF)。

A. 现浇混凝土柱的工程量按设计图示尺寸以体积计算

B. 计算现浇混凝土柱的工程量时，不扣除构件内钢筋、预埋铁件和伸入承台基础的桩头所占的体积

C. 有梁板的柱高，应按柱基上表面（或楼板上表面）至上一层楼板上表面之间的高度计算

D. 无梁板的柱高，应按柱基上表面（或楼板上表面）至柱帽下表面之间的高度计算

E. 现浇混凝土框架柱的柱高应按柱基上表面至柱顶高度计算

F. 现浇混凝土构造柱的柱高应按全高计算，嵌接墙体部分（马牙槎）并入柱身体积

细说考点

1. 本考点考查的是现浇混凝土柱工程量的计算规则与方法，考查难度较大，主要的采分点有两个，一个是考查工程量的计算方法，这个是主要的；另一个是考查计算工程量时需要扣除哪些部分，这个是次要的，但考查的难度较大，考生应着重于理解。

2. 本考点还可能以填空的形式进行考查，如：

(1) 现浇混凝土基础的工程量按（　　）计算。

(2) 有梁板的柱高的计算方法为（　　）。

3. 要想更有把握地在考试中拿到本考点所涉及的1～2分，对于以下几点内容，考生应着重进行理解和掌握：

(1) 混凝土框架柱工程量应按设计图示尺寸不扣除梁所占部分以体积计算。

(2) 无梁板的现浇混凝土柱应按设计图示截面积乘以柱基以上表面或楼板上表面至柱帽下表面之间的高度以体积计算。

(3) 构造柱按设计尺寸自柱底面至顶面的全高以体积计算。

考点 17　现浇混凝土梁工程量的计算规则与方法

（题干）关于现浇混凝土梁工程量的计算规则与方法的说法，正确的有（ABC）。

A. 现浇混凝土梁的工程量按设计图示尺寸以体积计算

B. 计算现浇混凝土梁的工程量时，不扣除构件内钢筋、预埋铁件所占体积

C. 计算现浇混凝土梁的工程量时，伸入墙内的梁头、梁垫应并入梁体积内计算

细说考点

1. 本考点考查的是现浇混凝土梁工程量的计算规则与方法，考查难度较大，主要的采分点有两个，一个是考查工程量的计算方法，这个是主要的；另一个是考查计算工程量时需要扣除哪些部分，这个是次要的，但考查的难度较大，考生应着重于理解。

2. 本考点还可能以填空的形式进行考查，如：

(1) 计算现浇混凝土梁的工程量时，不扣除（　　）所占体积。

(2) 计算现浇混凝土梁的工程量时，对伸入墙内的梁头、梁垫应（　　）计算。

考点 18　现浇混凝土墙工程量的计算规则与方法

（题干）关于现浇混凝土墙工程量的计算规则与方法的说法，正确的有（ABCD）。

A. 现浇混凝土墙的工程量按设计图示尺寸以体积计算

B. 计算现浇混凝土墙的工程量时，不扣除构件内钢筋、预埋铁件所占体积

C. 计算现浇混凝土墙的工程量时，应扣除门窗洞口及单个面积＞$0.3m^2$ 的孔洞所占体积

D. 计算现浇混凝土墙的工程量时，墙垛及突出墙面部分并入墙体体积内计算

细说考点

1. 本考点考查的是现浇混凝土墙工程量的计算规则与方法，考查难度较大，主要的采分点有两个，一个是考查工程量的计算方法，这个是主要的；另一个是考查计算工程量时需要扣除哪些部分，这个是次要的，但考查的难度较大，考生应着重于理解。

2. 本考点还可能以填空的形式进行考查，如：

计算现浇混凝土墙的工程量时，不扣除（　　）所占体积。

3. 要想更有把握地在考试中拿到本考点所涉及的 1～2 分，对于以下几点内容，考生应着重进行理解和掌握：

(1) 现浇混凝土墙工程量应不扣除面积为 $0.33m^2$ 孔洞所占体积。

(2) 一般的短肢剪力墙，按设计图示尺寸以体积计算；直形墙、挡土墙按设计图示尺寸以体积计算。

(3) 空心板按图示尺寸以体积计算，但应扣除空心所占体积。

考点 19　现浇混凝土板工程量的计算规则与方法

(题干) 关于现浇混凝土板工程量的计算规则与方法的说法，正确的有 (ABCDEFGH)。

A. 有梁板的工程量按梁、板体积之和计算

B. 无梁板的工程量按板和柱帽体积之和计算

C. 各类板伸入墙内的板头计算工程量时，应并入板体积内计算

D. 薄壳板的肋、基梁计算工程量时，应并入薄壳体积内计算

E. 现浇挑檐、天沟板、雨篷、阳台与板（包括屋面板、楼板）连接时，以外墙外边线为分界线

F. 现浇挑檐、天沟板、雨篷、阳台与圈梁（包括其他梁）连接时，以梁外边线为分界线

G. 空心板的工程量按设计图示尺寸以体积计算

H. 空心板计算工程量时，应扣除空心部分体积

细说考点

1. 本考点考查的是现浇混凝土板工程量的计算规则与方法，考查难度较大，主要的采分点有两个，一个是考查工程量的计算方法，这个是主要的；另一个是考查计算工程量时需要扣除哪些部分，这个是次要的，但考查的难度较大，考生应着重于理解。

2. 本考点还可能以填空的形式进行考查，如:

（1）有梁板的工程量按（　　）计算。

（2）各类板伸入墙内的板头计算工程量时，应（　　）计算。

考点 20　现浇混凝土楼梯工程量的计算规则与方法

（题干）关于现浇混凝土楼梯工程量的计算规则与方法的说法，正确的有（ABCDE）。

A. 现浇混凝土楼梯的工程量可按设计图示尺寸以水平投影面积计算

B. 现浇混凝土楼梯的工程量可按设计图示尺寸以体积计算

C. 计算现浇混凝土楼梯的工程量时，不扣除宽度≤500mm 的楼梯井

D. 计算现浇混凝土楼梯的工程量时，不计算伸入墙内部分

E. 当整体楼梯与现浇楼板无梯梁连接时，以楼梯的最后一个踏步边缘加 300mm 为界

细说考点

1. 本考点考查的是现浇混凝土楼梯工程量的计算规则与方法，考查难度较大，主要的采分点有两个，一个是考查工程量的计算方法，这个是主要的；另一个是考查计算工程量时需要扣除哪些部分，这个是次要的，但考查的难度较大，考生应着重于理解。

2. 本考点还可能以填空的形式进行考查，如:

（1）现浇混凝土楼梯的工程量可按（　　）计算。

（2）当整体楼梯与现浇楼板无梯梁连接时，以楼梯的最后一个踏步边缘加（　　）为界。

（3）计算现浇混凝土楼梯的工程量时，不扣除宽度（　　）的楼梯井。

考点 21　现浇混凝土其他构件工程量的计算规则与方法

（题干）关于现浇混凝土其他构件工程量的计算规则与方法的说法，正确的有（ABCDEFGHI）。

A. 散水、坡道、室外地坪的工程量，按设计图示尺寸以面积计算

B. 计算散水、坡道、室外地坪的工程量时，不扣除单个面积≤0.3m^2 的孔洞所占面积

C. 计算散水、坡道、室外地坪的工程量时，不扣除构件内钢筋、预埋铁件所占体积

D. 台阶的工程量如以平方米计量，应按设计图示尺寸水平投影面积计算

E. 台阶的工程量如以立方米计量，应按设计图示尺寸以体积计算

F. 扶手、压顶的工程量如以米计量，应按设计图示的中心线延长米计算

G. 扶手、压顶的工程量如以立方米计量，应按设计图示尺寸以体积计算

H. 化粪池、检查井的工程量如以立方米计量，应按设计图示尺寸以体积计算

I. 化粪池、检查井的工程量如以座计量，应设计图示数量计算

细说考点

1. 本考点考查的是现浇混凝土其他构件工程量的计算规则与方法，考查难度较大，主要的采分点有两个，一个是考查工程量的计算方法，这个是主要的；另一个是考查计算工程量时需要扣除哪些部分，这个是次要的，但考查的难度较大，考生应着重于理解。

2. 本考点还可能以填空的形式进行考查，如：

（1）计算散水、坡道、室外地坪的工程量时，不扣除单个面积（　　）的孔洞所占面积。

（2）台阶的工程量如以平方米计量，应按（　　）计算。

（3）扶手、压顶的工程量如以米计量，应按（　　）计算。

考点 22　钢筋工程工程量的计算规则与方法

（题干）关于钢筋工程工程量的计算规则与方法的说法，正确的有（ABCDEFGHIJK）。

A. 低合金钢筋两端均采用螺杆锚具时，钢筋长度按孔道长度减 0.35m 计算

B. 低合金钢筋一端采用墩头插片，另一端采用螺杆锚具时，钢筋长度按孔道长度计算

C. 低合金钢筋一端采用墩头插片，另一端采用帮条锚具时，钢筋增加 0.15m 计算

D. 两端均采用帮条锚具时，钢筋长度按孔道长度增加 0.3m 计算

E. 低合金钢筋采用后张混凝土自锚时，钢筋长度按孔道长度增加 0.35m 计算

F. 低合金钢筋（钢绞线）采用 JM、XM、QM 型锚具，孔道长度小于或等于 20m 时，钢筋长度增加 1m 计算

G. 低合金钢筋（钢绞线）采用 JM、XM、QM 型锚具，孔道长度大于 20m 时，钢筋长度应增加 1.8m 计算

H. 碳素钢丝采用锥形锚具，孔道长度小于或等于 20m 时，钢丝束长度按孔道长度增加 1m 计算

I. 碳素钢丝采用锥形锚具，孔道长度大于 20m 时，钢丝束长度按孔道长度增加 1.8m 计算

J. 碳素钢丝采用墩头锚具时，钢丝束长度按孔道长度增加 0.35m 计算

K. 钢筋单位质量可根据钢筋直径计算理论质量，钢筋的密度可按 $7850kg/m^3$ 计算

细说考点

1. 本考点考查的是钢筋工程工程量的计算规则与方法，考查难度较大，主要的采分点有两个，一个是考查工程量的计算方法，这个是主要的；另一个是考查计算工程量时需要扣除哪些部分，这个是次要的，但考查的难度较大，考生应着重于理解。

2. 本考点还可能以填空的形式进行考查，如：

(1) 低合金钢筋两端均采用螺杆锚具时，钢筋长度按孔道长度减（　　）计算。
(2) 两端均采用帮条锚具时，钢筋长度按孔道长度增加（　　）计算。
(3) 碳素钢丝采用墩头锚具时，钢丝束长度按孔道长度增加（　　）计算。

考点 23　金属结构工程量的计算规则与方法

（题干）关于金属结构工程量的计算规则与方法的说法，正确的有（ABCDEFGHIJKLMNOPQRSTU）。

A. 钢网架的工程量按设计图示尺寸以质量计算

B. 计算钢网架的工程量时，不扣除孔眼的质量，焊条、铆钉、螺栓等不另增加质量

C. 钢屋架以榀计量时，应按设计图示数量计算

D. 钢屋架以吨计量时，应按设计图示尺寸以质量计算

E. 计算钢屋架工程量时，不扣除孔眼的质量，焊条、铆钉、螺栓等不另增加质量

F. 钢托架、钢桁架、钢架桥的工程量按设计图示尺寸以质量计算

G. 计算钢托架、钢桁架、钢架桥的工程量时，不扣除孔眼、切边、切肢的质量，焊条、铆钉、螺栓等不另增加质量

H. 计算钢托架、钢桁架、钢架桥的工程量时，不规则或多边形钢板以其外接矩形面积乘以厚度乘以单位理论质量计算

I. 钢梁、钢起重机梁的工程量按设计图示尺寸以质量计算

J. 计算钢梁、钢起重机梁的工程量时，不扣除孔眼、切边、切肢的质量，焊条、铆钉、螺栓等不另增加质量

K. 计算钢梁、钢起重机梁的工程量时，不规则或多边形钢板以其外接矩形面积乘以厚度乘以单位理论质量计算

L. 计算钢梁、钢起重机梁的工程量时，制动梁、制动板、制动桁架、车挡并入钢起重机梁工程量内

M. 压型钢板楼板的工程量按设计图示尺寸以铺设水平投影面积计算

N. 计算压型钢板楼板的工程量时，不扣除单个面积小于或等于 0.3m^2 柱、垛及孔洞所占面积

O. 压型钢板墙板的工程量按设计图示尺寸以铺挂面积计算

P. 计算压型钢板墙板的工程量时，不扣除单个面积≤0.3m^2 的梁、孔洞所占面积

Q. 计算压型钢板墙板的工程量时，包角、包边、窗台泛水等不另加面积

R. 砌块墙钢丝网加固、后浇带金属网的工程量按设计图示尺寸以面积计算

S. 成品空调金属百叶护栏、成品栅栏、金属网栏的工程量按设计图示尺寸以面积计算

T. 成品雨篷以米计量时，其工程量按设计图示接触边以长度计算

U. 成品雨篷以平方米计量时，其工程量按设计图示尺寸以展开面积计算

细说考点

1. 本考点考查的是金属结构工程量的计算规则与方法，考查难度较大，主要的采分点有两个，一个是考查工程量的计算方法，这个是主要的；另一个是考查计算工程量时需要扣除哪些部分，这个是次要的，但考查的难度较大，考生应着重于理解。

2. 本考点还可能以填空的形式进行考查，如：

（1）计算钢屋架工程量时，对焊条、铆钉、螺栓等应（　　）。

（2）钢托架、钢桁架、钢架桥的工程量按（　　）计算。

（3）钢梁、钢起重机梁的工程量按（　　）计算。

考点 24　木结构、门窗工程及屋面工程工程量的计算规则与方法

（题干）关于木结构、门窗工程及屋面工程工程量的计算规则与方法的说法，正确的有（ABCDEFGHIJKLMNOPQRSTUVWXYZA′B′C′D′E′F′G′H′I′J′K′L′M′N′O′P′Q′R′S′T′U′V′W′X′Y′Z′）。

A. 木屋架工程量以榀计量时，可按设计图示数量计算

B. 木屋架工程量以立方米计量时，可按设计图示尺寸以体积计算

C. 钢木屋架工程量以榀计量时，可按设计图示数量计算

D. 木檩条工程量以立方米计量时，可按设计图示尺寸以体积计算

E. 木檩条工程量以米计量时，可按设计图示尺寸以长度计算

F. 木质门、木质门带套、木质连窗门、木质防火门，工程量以樘计量时，可按设计图示数量计算

G. 木质门、木质门带套、木质连窗门、木质防火门，工程量以平方米计量时. 可按设计图示洞口尺寸以面积计算

H. 木门框工程量以樘计量时，可按设计图示数量计算

I. 木门框工程量以米计量时，可按设计图示框的中心线以延长米计算

J. 门锁安装的工程量可按设计图示数量计算

K. 各金属门项目工程量以樘计量时，可按设计图示数量计算

L. 各金属门项目工程量以平方米计量时，可按设计图示洞口尺寸以面积计算

M. 各金属门项目工程量，无设计图示洞口尺寸时，可按门框、扇外围以面积计算

N. 金属卷帘（闸）门、防火卷帘（闸）门，工程量以樘计量时，可按设计图示数量计算

O. 金属卷帘（闸）门、防火卷帘（闸）门，工程量以平方米计量时，可按设计图示洞口尺寸以面积计算

P. 木板大门、钢木大门、全钢板大门工程量以樘计量时，可按设计图示数量计算

Q. 木板大门、钢木大门、全钢板大门工程量以平方米计量时，可按设计图示洞口尺寸以面积计算

R. 防护铁丝门工程量以樘计量时，可按设计图示数量计算

S. 防护铁丝门工程量以平方米计量时，可按设计图示门框或扇以面积计算

T. 金属格栅门工程量以樘计量时. 可按设计图示数量计算

U. 金属格栅门工程量以平方米计量时，可按设计图示洞口尺寸以面积计算

V. 钢质花饰大门工程量以樘计量时，可按设计图示数量计算

W. 钢质花饰大门工程量以平方米计量时，可按设计图示门框或扇以面积计算

X. 特种门工程量以樘计量时，可按设计图示数量计算

Y. 特种门工程量以平方米计量时，可按设计图示洞口尺寸以面积计算

Z. 木质窗工程量以樘计量时，可按设计图示数量计算

A′. 木质窗工程量以平方米计量时，可按设计图示洞口尺寸以面积计算

B′. 木飘（凸）窗、木橱窗工程量以樘计量时，可按设计图示数量计算

C′. 木飘（凸）窗、木橱窗工程量以平方米计量时，可按设计图示尺寸以框外围展开面积计算

D′. 木橱窗、木飘（凸）窗以樘计量时，项目特征必须描述框截面及外围展开面积

E′. 木纱窗工程量以樘计量时，可按设计图示数量计算

F′. 木纱窗工程量以平方米计量时，可按框的外围尺寸以面积计算

G′. 金属橱窗、飘（凸）窗工程量以樘计量时，项目特征必须描述框外围展开面积

H′. 金属橱窗、飘（凸）窗工程量以平方米计量时，无设计图示洞口尺寸的，可按窗框外围以面积计算

I′. 金属（塑钢、断桥）窗、金属防火窗、金属百叶窗、金属格栅窗工程量，以樘计量时，可按设计图示数量计算

J′. 金属（塑钢、断桥）窗、金属防火窗、金属百叶窗、金属格栅窗工程量，以平方米计量时，可按设计图示洞口尺寸以面积计算

K′. 金属纱窗工程量以樘计量时，可按设计图示数量计算

L′. 金属纱窗工程量以平方米计量时，可按框的外围尺寸以面积计算

M′. 金属（塑钢、断桥）橱窗、金属（塑钢、断桥）飘（凸）窗工程量以樘计量时，可按设计图示数量计算

N′. 金属（塑钢、断桥）橱窗、金属（塑钢、断桥）飘（凸）窗工程量以平方米计量时，可按设计图示尺寸以框外围展开面积计算

O′. 彩板窗、复合材料窗工程量以樘计量时，可按设计图示数量计算

P′. 彩板窗、复合材料窗工程量以平方米计量时，可按设计图示洞口尺寸或框外围以面积计算

Q′. 木门窗套、木筒子板、饰面夹板筒子板、金属门窗套、石材门窗套、成品木门窗套工程量以樘计量时，可按设计图示数量计算

R′. 木门窗套、木筒子板、饰面夹板筒子板、金属门窗套、石材门窗套、成品木门窗套工程量以平方米计量时，可按设计图示尺寸以展开面积计算

S′. 木门窗套、木筒子板、饰面夹板筒子板、金属门窗套、石材门窗套、成品木门窗套工程量以米计量时，可按设计图示中心以延长米计算

T′. 门窗贴脸工程量以樘计量时，可按设计图示数量计算

U′. 门窗贴脸工程量以米计量时，可按设计图示尺寸以延长米计算

V′. 窗帘工程量以米计量时，可按设计图示尺寸以成活后长度计算

W′. 窗帘工程量以平方米计量时，可按设计图示尺寸以成活后展开面积计算

X′. 瓦屋面、型材屋面的工程量，可按设计图示尺寸以斜面积计算

Y′. 瓦屋面、型材屋面工程量计量时，不扣除房上烟囱、风帽底座、风道、小气窗、斜沟等所占面积

Z′. 瓦屋面、型材屋面工程量计量时，小气窗的出檐部分不增加面积

细说考点

1. 本考点考查的是木结构、门窗工程及屋面工程工程量的计算规则与方法，考查难度较大，主要的采分点有两个，一个是考查工程量的计算方法，这个是主要的；另一个是考查计算工程量时需要扣除哪些部分，这个是次要的，但考查的难度较大，考生应着重于理解。

2. 本考点还可能以填空的形式进行考查，如：

（1）木檩条工程量以立方米计量时，可按（　　）计算。

（2）木门框工程量以米计量时，可按（　　）计算。

（3）防护铁丝门工程量以樘计量时，可按（　　）计算。

3. 要想更有把握地在考试中拿到本考点所涉及的 1～2 分，对于以下几点内容，考生应着重进行理解和掌握：

（1）钢木屋架钢拉杆、连接螺栓计算工程量时，不单独列项计算。

（2）门窗工程量以樘为单位时，项目特征必须描述洞口尺寸。

（3）全钢板大门的工程量按设计图示洞口尺寸以面积计算。

（4）金属纱窗按框的外围尺寸以面积计算。

（5）膜结构屋面的工程量应按设计图示尺寸以需要覆盖的水平面积计算。

考点 25　防水、保温、隔热、防腐工程工程量的计算规则与方法

（题干）关于防水、保温、隔热、防腐工程工程量的计算规则与方法的说法，正确的有（ABCDEFGHIJKLMNOPQ）。

A. 屋面刚性防水在计量工程量时，可按设计图示尺寸以面积计算

B. 屋面排水管在计量工程量时，可按设计图示尺寸以长度计算

C. 屋面排（透）气管在计量工程量时，可按设计图示尺寸以长度计算

D. 屋面（廊、阳台）泄（吐）水管在计量工程量时，可按设计图示数量计算，以根（个）计量

E. 屋面天沟、檐沟在计量工程量时，可按设计图示尺寸以面积计算

F. 屋面变形缝在计量工程量时，可按设计图示尺寸以长度计算

G. 墙面变形缝在计量工程量时，可按设计图示尺寸以长度计算

H. 楼（地）面防水在计量工程量时，可按主墙间净空面积计算

I. 楼（地）面变形缝在计量工程量时，可按设计图示尺寸以长度计算

J. 保温隔热天棚在计量工程量时，可按设计图示尺寸以面积计算

K. 保温隔热墙面在计量工程量时，可按设计图示尺寸以面积计算

L. 保温柱的工程量可按设计图示柱断面保温层中心线展开长度乘以保温层高度以面积计算

M. 保温梁的工程量可按设计图示梁断面保温层中心线展开长度乘以保温层长度以面积计算

N. 防腐混凝土面层、防腐砂浆面层、防腐胶泥面层、玻璃钢防腐面层、聚氯乙烯板面层、块料防腐面层在计量工程量时，可按设计图示尺寸以面积计算

O. 池、槽块料防腐面层在计量工程量时，可按设计图示尺寸以展开面积计算

P. 隔离层在计量工程量时，可按设计图示尺寸以面积计算

Q. 防腐涂料在计量工程量时，可按设计图示尺寸以面积计算

细说考点

1. 本考点考查的是防水、保温、隔热、防腐工程工程量的计算规则与方法，考查难度较大，主要的采分点有两个，一个是考查工程量的计算方法，这个是主要的；另一个是考查计算工程量时需要扣除哪些部分，这个是次要的，但考查的难度较大，考生应着重于理解。

2. 本考点还可能以填空的形式进行考查，如：

（1）屋面刚性防水在计量工程量时，可按（　　）计算。

（2）屋面天沟、檐沟在计量工程量时，可按（　　）计算。

（3）保温隔热天棚在计量工程量时，可按（　　）计算。

3. 要想更有把握地在考试中拿到本考点所涉及的 1～2 分，对于以下几点内容，考生应着重进行理解和掌握：

（1）平屋面涂膜防水，工程量不扣除烟囱所占面积。

（2）屋面铁皮天沟的工程量按设计图示尺寸以展开面积计算。

（3）屋面变形缝卷材防水的工程量按设计图示尺寸以长度计算。

（5）立面防腐涂料，门洞侧壁按展开面积并入墙面积内。

（6）水泥砂浆楼梯面按设计图示尺寸以楼梯（包括踏步、休息平台及 500mm 以内的楼梯井）水平投影面积计算。

（7）有墙裙的内墙抹灰，工程量按主墙间净长乘以墙裙顶至顶棚底高度以面积计算。

（8）灯带（槽）的工程量按设计图示尺寸以框外围面积计算。

（9）木材构件喷刷防火涂料按设计图示尺寸以面积计算。

考点 26 各类装饰工程工程量的计算规则与方法

（题干）关于各类装饰工程工程量的计算规则与方法的说法，正确的有（ABCDEFGHIJKLMNOPQRSTUVWXYZA′）。

A. 水泥砂浆楼地面的工程量，可按设计图示尺寸以面积计算

B. 现浇水磨石楼地面的工程量，可按设计图示尺寸以面积计算

C. 细石混凝土楼地面的工程量，可按设计图示尺寸以面积计算

D. 菱苦土楼地面的工程量，可按设计图示尺寸以面积计算

E. 自流平楼地面的工程量，可按设计图示尺寸以面积计算

F. 平面砂浆找平层的工程量，可按设计图示尺寸以面积计算

G. 地毯楼地面的工程量，可按设计图示尺寸以面积计算

H. 竹、木（复合）地板的工程量，可按设计图示尺寸以面积计算

I. 金属复合地板的工程量，可按设计图示尺寸以面积计算

J. 防静电活动地板的工程量，可按设计图示尺寸以面积计算

K. 踢脚线工程量以平方米计量，可按设计图示长度乘以高度以面积计算

L. 踢脚线工程量以米计量，可按延长米计算

M. 墙面抹灰工程量可按设计图示尺寸以面积计算

N. 外墙抹灰面积可按外墙垂直投影面积计算

O. 外墙裙抹灰面积可按其长度乘以高度计算

P. 内墙抹灰面积按主墙间的净长乘以高度计算

Q. 无墙裙的内墙高度可按室内楼地面至天棚底面计算

R. 有墙裙的内墙高度可按墙裙顶至天棚底面计算

S. 内墙裙抹灰面积可按内墙净长乘以高度计算

T. 零星抹灰工程量可按设计图示尺寸以面积计算

U. 干挂石材钢骨架的工程量，可按设计图示尺寸以质量计算

V. 石材柱面、块料柱面、拼碎块柱面的工程量，可按设计图示尺寸以镶贴表面积计算

W. 石材梁面、块料梁面的工程量，可按设计图示尺寸以镶贴表面积计算

X. 墙面装饰浮雕的工程量，可按设计图示尺寸以面积计算

Y. 柱（梁）面装饰的工程量，可按设计图示饰面外围尺寸以面积计算

Z. 成品装饰柱工程量以根计量，可按设计数量计算

A′. 成品装饰柱工程量以米计量，可按设计长度计算

细说考点

1. 本考点考查的是各类装饰工程工程量的计算规则与方法，考查难度较大，主要的采分点有两个，一个是考查工程量的计算方法，这个是主要的；另一个是考查计算工程量时需要扣除哪些部分，这个是次要的，但考查的难度较大，考生应着重于理解。

2. 本考点还可能以填空的形式进行考查，如：

（1）水泥砂浆楼地面的工程量，可按（　　）计算。

（2）菱苦土楼地面的工程量，可按（　　）计算。

（3）地毯楼地面的工程量，可按（　　）计算。

考点 27　隔断、幕墙、天棚工程量的计算规则与方法

（题干）关于隔断、幕墙、天棚工程量的计算规则与方法的说法，正确的有（ABCDEFGHIJKLM）。

A. 带骨架幕墙的工程量，可按设计图示框外围尺寸以面积计算

B. 全玻（无框玻璃）幕墙的工程量，可按设计图示尺寸以面积计算

C. 带肋全玻幕墙的工程量，可按展开面积计算

D. 木隔断、金属隔断的工程量，可按设计图示框外围尺寸以面积计算

E. 玻璃隔断、塑料隔断的工程量，可按设计图示框外围尺寸以面积计算

F. 成品隔断以平方米计量，其工程量可按设计图示框外围尺寸以面积计算

G. 成品隔断以间计量，其工程量可按设计间的数量计算

H. 天棚抹灰的工程量，可按设计图示尺寸以水平投影面积计算

I. 板式楼梯底面抹灰的工程量，可按斜面积计算

J. 锯齿形楼梯底板抹灰的工程量，可按展开面积计算

K. 吊顶天棚的工程量，可按设计图示尺寸以水平投影面积计算

L. 采光天棚的工程量，可按框外围展开面积计算

M. 灯带（槽）的工程量，可按设计图示尺寸以框外围面积计算

细说考点

1. 本考点考查的是隔断、幕墙、天棚工程量的计算规则与方法，考查难度较大，主要的采分点有两个，一个是考查工程量的计算方法，这个是主要的；另一个是考查计算工程量时需要扣除哪些部分，这个是次要的，但考查的难度较大，考生应着重于理解。

2. 本考点还可能以填空的形式进行考查，如：

（1）带骨架幕墙的工程量，可按（　　）计算。

（2）木隔断、金属隔断的工程量，可按（　　）计算。

（3）天棚抹灰的工程量，可按（　　）计算。

考点 28　油漆、涂料、裱糊工程工程量的计算规则与方法

（题干）关于油漆、涂料、裱糊工程工程量的计算规则与方法的说法，正确的有（ABCDEFGHIJKLMNOPQ）。

A. 木扶手的工程量，可按设计图示尺寸以长度计算

B. 其他板条、线条油漆的工程量，可按设计图示尺寸以长度计算
C. 木间壁、木隔断油漆的工程量，可按设计图示尺寸以单面外围面积计算
D. 玻璃间壁露明墙筋油漆的工程量，可按设计图示尺寸以单面外围面积计算
E. 木栅栏、木栏杆（带扶手）油漆的工程量，可按设计图示尺寸以单面外围面积计算
F. 金属面油漆工程量以吨计量，可按设计图示尺寸以质量计算
G. 金属面油漆工程量以平方米计量，可按设计展开面积计算
H. 抹灰面油漆的工程量，可按设计图示尺寸以面积计算
I. 抹灰线条油漆的工程量，可按设计图示尺寸以长度计算
J. 满刮腻子的工程量，可按设计图示尺寸以面积计算
K. 墙面喷刷涂料的工程量，可按设计图示尺寸以面积计算
L. 天棚喷刷涂料的工程量，可按设计图示尺寸以面积计算
M. 线条刷涂料的工程量，可按设计图示尺寸以长度计算
N. 金属构件刷防火涂料以吨计量，其工程量可按设计图示尺寸以质量计算
O. 金属构件刷防火涂料以平方米计量，其工程量可按设计展开面积计算
P. 墙纸裱糊的工程量，可按设计图示尺寸以面积计算
Q. 织锦缎裱糊的工程量，可按设计图示尺寸以面积计算

细说考点

1. 本考点考查的是油漆、涂料、裱糊工程工程量的计算规则与方法，考查难度较大，主要的采分点有两个，一个是考查工程量的计算方法，这个是主要的；另一个是考查计算工程量时需要扣除哪些部分，这个是次要的，但考查的难度较大，考生应着重于理解。

2. 本考点还可能以填空的形式进行考查，如：

（1）木扶手的工程量，可按（　　）计算。

（2）木间壁、木隔断油漆的工程量，可（　　）计算。

（3）木栅栏、木栏杆（带扶手）油漆的工程量，可按（　　）计算。

考点 29　措施项目工程量的计算规则与方法

（题干）关于措施项目工程量的计算规则与方法的说法，正确的有（ABCDEFGHIJKLMNOP）。

A. 综合脚手架的工程量，可按建筑面积计算
B. 悬空脚手架的工程量，可按搭设的水平投影面积计算
C. 满堂脚手架的工程量，可按搭设的水平投影面积计算
D. 满堂脚手架的工程量，可按搭设方式、搭设高度、脚手架材质分别列项
E. 挑脚手架的工程量，可按搭设长度乘以搭设层数以延长米计算
F. 构造柱的工程量，可按图示外露部分计算模板面积

G. 雨篷的工程量，可按图示外挑部分尺寸的水平投影面积计算

H. 悬挑板的工程量，可按图示外挑部分尺寸的水平投影面积计算

I. 阳台板的工程量，可按图示外挑部分尺寸的水平投影面积计算

J. 同一建筑物有不同檐高时，可按建筑物的不同檐高做纵向分割，分别计算建筑面积，以不同檐高分别编码列项

K. 垂直运输的工程量，可按建筑面积计算

L. 垂直运输的工程量，可按施工工期日历天数计算，以天为单位

M. 大型机械设备进出场及安拆的工程量以台次计量，可按使用机械设备的数量计算

N. 相应专项设计不具备时，施工排水降水的工程量，可按暂估量计算

O. 成井的工程量，可按设计图示尺寸以钻孔深度计算

P. 排水、降水的工程量，以昼夜（24h）为单位计量，可按排水、降水日历天数计算

细说考点

1. 本考点考查的是措施项目工程量的计算规则与方法，考查难度较大，主要的采分点有两个，一个是考查工程量的计算方法，这个是主要的；另一个是考查计算工程量时需要扣除哪些部分，这个是次要的，但考查的难度较大，考生应着重于理解。

2. 本考点还可能以填空的形式进行考查，如：

（1）综合脚手架的工程量，可按（　　）计算。

（2）满堂脚手架的工程量，可按（　　）分别列项。

（3）雨篷的工程量，可按（　　）计算。

3. 要想更有把握地在考试中拿到本考点所涉及的1～2分，对于以下几点内容，考生应着重进行理解和掌握：

（1）综合脚手架的工程量按建筑面积计算，其项目特征应说明建筑结构形式和檐口高度，同一建筑物有不同的檐高时，分别按不同檐高列项。

（2）满堂脚手架的工程量按搭设水平投影面积计算。

（3）混凝土墙模板按模板与墙接触面积计算。

（4）混凝土构造柱模板按图示外露部分计算模板面积。

（5）超高施工增加费包括人工、机械降效、供水加压以及通信联络设备费用。

（6）垂直运输费用，按施工工期日历天数计算。

（7）大型机械设备进出场及安拆，按使用数量计算。

（8）施工降水成井，按设计图示尺寸以钻孔深度计算。

（9）雨篷混凝土模板及支架，按外挑部分水平投影面积计算。

考点30　分部分项工程量清单

（题干）有关分部分项工程量清单的说法，正确的有（ABCDEFGHIJKLMNOPQ）。

A. 分部分项工程量清单的项目编码，应采用十二位阿拉伯数字表示

B. 分部分项工程量清单的项目编码，十至十二位应根据拟建工程的工程量清单项目名称和项目特征设置

C. 分部分项工程量清单的项目编码，同一招标工程的项目编码不得有重码

D. 工程量清单编码中，一、二位为专业工程代码

E. 工程量清单编码中，三、四位为附录分类顺序码

F. 工程量清单编码中，五、六位为分部工程顺序码

G. 工程量清单编码中，七、八、九位为分项工程项目名称顺序码

H. 工程量清单编码中，十至十二位为清单项目名称顺序码

I. 工程量清单的项目名称应按附录的项目名称结合拟建工程的实际确定

J. 分部分项工程量清单的项目特征、工程内容，会直接影响其综合单价的确定

K. 工程量清单的计量单位均为基本计量单位，不得使用扩大单位

L. 正确的工程数量计量是发包人向承包人支付合同价款的前提和依据

M. 单价合同的工程量必须以承包人完成合同工程应予计量的工程量确定

N. 采用工程量清单方式招标形成的总价合同，其工程量应按照规定计算

O. 采用经审定批准的施工图纸及其预算方式发包形成的总价合同，除按照工程变更规定的工程量增减外，总价合同各项目的工程量应为承包人用于结算的最终工程量

P. 成本加酬金合同的工程量应按单价合同的规定进行计量

Q. 工程量清单的项目特征是确定一个清单项目综合单价不可缺少的重要依据

细说考点

1. 分部分项工程量清单属于重要考点，考生应熟悉并掌握这部分内容。

2. 针对选项D，考生还应了解的是，在工程量清单编码中，专业工程代码的分类为：01—房屋建筑与装饰工程；02—仿古建筑工程；03—通用安装工程；04—市政工程；05—园林绿化工程；06—矿山工程；07—构筑物工程；08—城市轨道交通工程；09—爆破工程。以后进入国标的专业工程代码以此类推。

3. 针对选项K，考生还应了解的是，工程计量时每一项目汇总的有效位数应遵守下列规定：

(1) 以“t”为单位，应保留小数点后三位数字，第四位小数四舍五入；

(2) 以“m”“m^2”“m^3”“kg”为单位，应保留小数点后两位数字，第三位小数四舍五入；

(3) 以“台”“个”“件”“套”“根”“组”“系统”等为单位，应取整数。

4. 针对选项Q，考生还应了解的内容是，在描述工程量清单项目特征时应按以下原则进行：

(1) 项目特征描述的内容应按附录中的规定，结合拟建工程的实际，能满足确定综合单价的需要。

(2) 若采用标准图集或施工图纸能够全部或部分满足项目特征描述的要求，项目

特征描述可直接采用详见××图集或××图号的方式；对不能满足项目特征描述要求的部分，仍应用文字描述。

考点31　措施项目清单

（题干）有关措施项目清单的说法，正确的有（ABCD）。

A. 在编制措施项目清单时，因工程情况不同，出现计量规范附录中未列的措施项目，可根据工程的具体情况对措施项目清单作做补充。

B. 文明施工和安全防护、临时设施以“项”计价

C. 脚手架、降水工程以“量”计价

D. 措施项目清单必须根据相关工程现行国家计量规范的规定编制

细说考点

1. 措施项目属于重要考点，考生应理解并掌握这部分内容。

2. 有关措施项目内容较多，为便于记忆，整理如下：

序号	项目名称
1. 通用项目	
1.1	环境保护
1.2	文明施工
1.3	安全施工
1.4	临时设施
1.5	夜间施工
1.6	二次搬运
1.7	大型机械设备进出场及安拆
1.8	混凝土、钢筋混凝土模板及支架
1.9	脚手架
1.10	已完工程及设备保护
1.11	施工排水、降水
2. 建筑工程	
2.1	垂直运输机械
3. 装饰装修工程	
3.1	垂直运输机械
3.2	室内空气污染测试

续表

序号	项目名称
	4. 安装工程
4.1	组装平台
4.2	设备、管道施工的安装、防冻和焊接保护措施
4.3	压力容器和高压管道的检验
4.4	焦炉施工大棚
4.5	焦炉烘炉、热态工程
4.6	管道安装后的充气保护措施
4.7	隧道内施工的通风、供水、供气、供电、照明及通信设施
4.8	现场施工围栏
4.9	长输管道临时水工保护设施
4.10	长输管道施工便道
4.11	长输管道跨越或穿越施工措施
4.12	长输管道地下穿越地上建筑物的保护措施
4.13	长输管道工程施工队伍调遣
4.14	格架式抱杆
	5. 市政工程
5.1	围堰
5.2	筑岛
5.3	现场施工围栏
5.4	便道
5.5	便桥
5.6	洞内施工的通风、供水、供气、供电、照明及通信设施
5.7	驳岸块石清理

考点 32 其他项目清单

（题干）依据《建设工程工程量清单计价规范》GB 50500—2013 的规定，安装工程量清单中的其他项目清单包括（ABCD）。

A. 暂列金额　　B. 暂估价

C. 计日工　　D. 总承包服务费

细说考点

1. 对于土建工程量清单中其他项目清单的内容，可能会以多项选择题的形式进行考查，将分包服务费作为干扰项。

2. 考生应明晰其他项目清单各内容项的概念，本考点还可能进行考查的题目如下：

(1) 工程合同签订时尚未确定或者不可预见的所需材料、工程设备、服务的采购等费用属于 (A)。

(2) 施工中可能发生工程变更的所需费用是 (A)。

(3) 合同约定调整因素出现时的合同价款调整及发生的索赔、现场签证确认等的费用是 (A)。

(4) 在施工过程中，承包人为解决现场发生的零星工作的计价而设立的费用是 (C)。

(5) 总承包人为配合协调发包人进行的专业工程发包，对发包人自行采购的材料、工程设备等进行保管以及施工现场管理、竣工资料汇总整理等服务所需的费用是 (D)。

考点33 计算机辅助工程量计算

(题干) 关于计算机辅助工程量计算的说法，正确的有 (ABCDEFGHIJ)。

A. 按照建模方式不同，工程量计算软件可分为手工建模和利用设计图电子文档直接读取设计数据完成建模两类

B. 广联达软件计算工程量的顺序是：新建工程→新建楼层→新建轴网→绘图输入（表格输入）→汇总查看报表

C. 广联达软件能够计算的工程量包括：土石方工程量、砌体工程量、混凝土及模板工程量、屋面工程量、天棚及其楼地面工程量、墙柱面工程量等

D. 工程量清单的编制分为分部分项工程量清单的编制、措施项目清单的编制和其他项目清单的编制

E. 编制分部分项工程量清单的步骤是：清单项输入→清单工程量输入→清单项目特征、工作内容输入→清单项分部整理及排序→如果还有其他内容，需要完成其他操作

F. 图形自动算量软件清单项输入分为直接输入、查询输入和补充清单

G. 图形自动算量软件清单项直接输入有完整编码输入、跟随输入和简便输入三种方法

H. 工程量清单计价模式，“量”是核心

I. 图形自动算量软件主要是通过计算机对图形自动处理，实现建筑工程工程量自动计算

J. 完整的清单项目描述应由清单项目名称、项目特征组成

细说考点

1. 本考点还可能以填空的形式进行考查，如：

(1) 按照建模方式不同，工程量计算软件可分为（　　）两类。

(2) 广联达软件计算工程量的顺序是（　　）。

(3) 清单项输入分为（　　）。

2. 有关本考点的内容，考生还应了解以下几点：

(1) 算量软件的算量原理如下图所示：

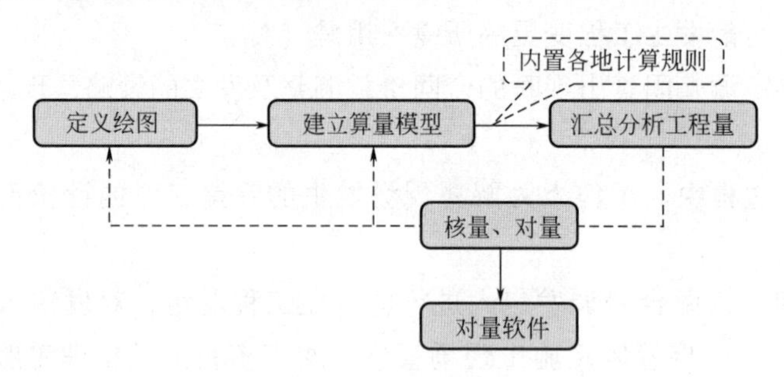

(2) 运用软件进行清单计价的方法如下图所示：

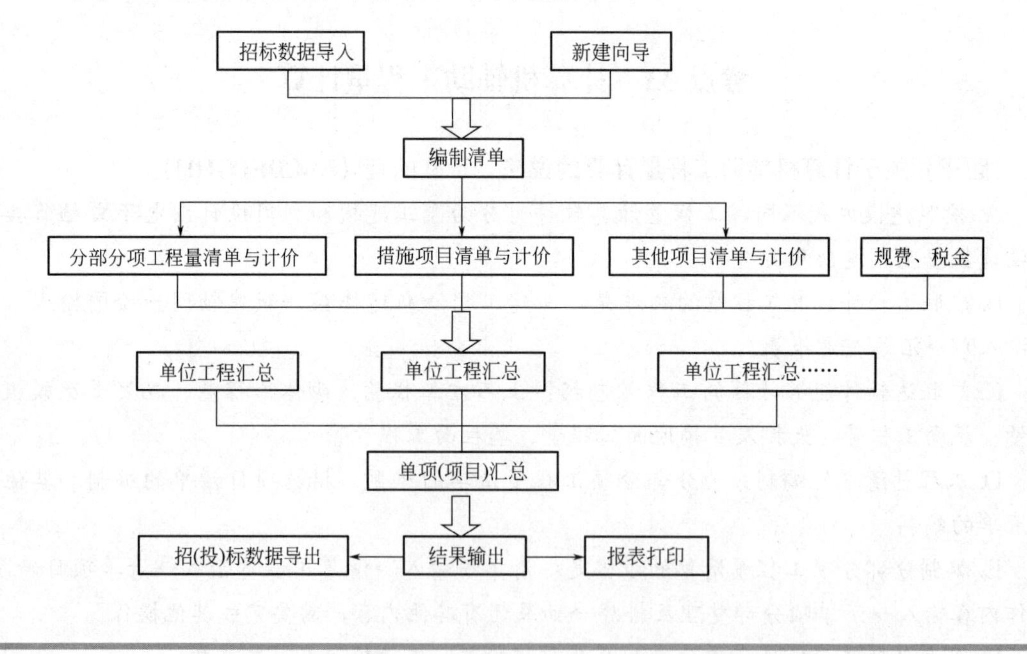

第三章
工程计价

考点1　施工图预算编制的常用方法

（题干）某建设项目在设计阶段对项目的工程造价做出以下预测：单项建筑工程预算之和为54000万元，设备购置费为68850万元，设备安装费按设备购置费的15%计算。建设期贷款利息为4185万元，工程建设其他费用为9150万元，基本预备费费率为8%，价差预备费为11295万元，铺底流动资金为2000万元。若按三级预算编制，该项目的总预算为（A）。

A. 171193.7　　B. 169193.7

C. 167008.7　　D. 159898.7

细说考点

1. 本题的计算过程为：

设备安装费＝68850×15%＝10327.5（万元）；

单项设备与安装工程预算＝68850＋10327.5 ＝79177.5（万元）；

基本预备费＝(54000＋79177.5＋9150)×8%＝11386.2（万元）；

项目总预算＝54000＋79177.5＋9150＋11295＋11386.2＋4185＋2000＝171193.7(万元)。

2. 掌握三级预算编制与二级预算编制的公式。

三级预算编制中，总预算＝Σ单项工程施工图预算＋工程建设其他费＋预备费＋建设期利息＋铺底流动资金

二级预算编制中，总预算＝Σ单位建筑工程费用＋Σ单位设备及安装工程费用＋工程建设其他费＋预备费＋建设期利息＋铺底流动资金

3. 施工图预算编制的常用方法包括预算单价法、实物量法、全费用综合单价法、清单综合单价法。用事先编制好的分项工程的单位估价表来编制施工图预算的方法称为预算单价法。依据施工图纸和预算定额的项目划分及工程量计算规则，先计算出分部分项工程量，然后套用预算定额（实物量定额）来编制施工图预算的方法称为实物量法。

4. 预算单价法与实物量法的异同：

单位工程施工图预算书可采用工料单价法或实物量法编制，其纵向均应依据相

应预算定额的项目划分分解到分项工程。采用预算单价法编制，横向应分解到人工、材料、机械费用，然后按单位工程汇总定额直接费，最后调整价差，并计取有关税费；采用实物量法编制，横向应分解到人工、材料、机械消耗量，然后汇总人工、材料、机械消耗量，并依据人工、材料、机械单价计算并汇总定额直接费，最后计算有关税费。

考点2 预算定额的分类

（题干）预算定额按专业性质的分类和适用范围，可分为（AB）。

A. 建筑工程定额
B. 安装工程定额
C. 全国统一定额
D. 行业统一定额
E. 地区统一定额
F. 企业定额
G. 补充定额
H. 人工定额
I. 材料消耗定额
J. 机械台班使用定额

细说考点

本考点还可能会考查的题目如下：

（1）按管理权限和执行范围分，预算定额可分为（CDEFG）。

（2）按物资要素分，预算定额可分为（HIJ）。

（3）由国家建设行政主管部门综合全国工程建设中技术和施工组织管理的情况编制，并在全国范围内适用的定额是（C）。

（4）考虑到各行业部门专业工程技术特点，以及施工生产和管理水平编制的，一般是只在本行业和相同专业性质的范围内使用的定额是（D）。

（5）正常施工生产条件下，完成单位合格建筑工程产品所需消耗的劳动力的数量标准的定额是（H）。

考点3 预算定额的应用

（题干）某办公楼的砖基础工程工程量为 $100m^3$，设计采用 M7.5 水泥砂浆砌筑，而某省现行建筑工程预算定额是按 M5 水泥砂浆确定其定额计价的。若查 M7.5 水泥砂浆单价为 155.49 元，M5 水泥砂浆的单价为 132.87 元；砌砖基础每 $10m^3$ 的水泥砂浆消耗量为 $2.41m^3$，定额基价为 1504.92 元。则采用 M7.5 水泥砂浆砌筑砖基础的预算价值为（D）元。

A. 13287.0
B. 15549.0
C. 15275.4
D. 15594.3

细说考点

1. 本题的计算过程为：

（1）计算两种不同强度等级水泥砂浆的单价价差：155.49－132.87＝22.62（元/m^3）；

（2）计算换算后的定额基价：1504.92＋(2.41×22.62)＝1559.43（元）；

（3）计算采用 M7.5 水泥砂浆砌筑砖基础的预算价值：1559.43×100/10＝15594.3（元）。

2. 该考点需要掌握以下采分点。

（1）预算定额的直接套用：判断施工图纸中分部分项工程的工程内容、名称、规格和计算单位等与预算定额中规定的相应内容完全一致时，就可以直接套取定额编号，根据人工、材料和施工机械台班的地区计价，计算该项目的直接费。

（2）预算定额的换算。

①系数换算。

凡定额说明和附注规定，按定额人工、材料、机械乘以系数的分项工程，应将系数乘在定额基价或乘在人工费、材料费、机械费某一项或某两项费用上。

②砂浆的换算。

由于砂浆强度等级不同，而引起砌筑工程或抹灰工程相应定额基价的变动，必须进行换算，其换算的实质是换价不换量。砌筑砂浆的换算公式为：

换算后的定额基价＝原定额基价＋定额规定砂浆用量（换入砂浆单价－换出砂浆单价）

③混凝土的换算。

由于混凝土强度等级不同而引起定额基价变动时，必须对定额基价进行换算。在换算过程中，混凝土消耗量不变，仅调整不同混凝土的预算价格。其换算的实质是预算单价的调整。换算公式为：

换算后的定额基价＝定额不完全价格＋定额规定混凝土消耗量×混凝土单价

（3）预算定额的补充：

当设计图纸中的项目，在定额中没有的，可以作临时性的补充。补充方法一般由定额代换法和定额编制法。

3. 预算定额项目中人工、材料和施工机械台班消耗量指标确定，通过下列习题掌握。

（1）完成某预算定额项目单位工程量的基本用工为 2.8 工日，辅助用工为 0.7 工日，超运距用工为 0.9 工日，人工幅度差系数为 10%，该定额的人工工日消耗量为（A）。

A. 4.84　　B. 4.75

C. 4.56　　D. 4.68

分析　人工消耗量＝基本用工＋超运距用工＋辅助用工＋Σ（基本用工＋超运距用工＋辅助用工）×人工幅度差系数。人工消耗量＝2.8＋0.7＋0.9＋(2.8＋0.7＋0.9)×10%＝4.84（工日）。

(2) 砌筑 $1m^3$ 一砖厚砖墙，砖（240mm×115mm×53mm）的净用量为 529 块，灰缝厚度为 10mm，砖的损耗率为 1.5%，砂浆的损耗率为 1%。则 $1m^3$ 一砖厚砖墙的砂浆消耗量为（C）m^3。

A. 0.217　　B. 0.222

C. 0.228　　D. 0.231

分析　$1m^3$ 一砖厚砖墙的砂浆消耗量＝(1－0.240×0.115×0.053×529)×(1＋1%)＝0.228（m^3）。

(3) 在编制现浇混凝土柱预算定额时，测定每 $10m^3$ 混凝土柱工程量需消耗 $10.5m^3$ 的混凝土。现场采用 500L 的混凝土搅拌机，测得搅拌机每循环一次需 4min，机械的正常利用系数为 0.8。若机械幅度差系数为 0，则该现浇混凝土柱 $10m^3$ 需消耗混凝土搅拌机（A）台班。

A. 0.219　　B. 0.196

C. 0.175　　D. 0.149

分析　该搅拌机纯工作 1h 循环次数＝60÷4＝15（次）；该搅拌机纯工作 1h 的正常生产率＝15×500＝7500(L)＝7.5（m^3）；该搅拌机的台班产量定额＝7.5×8×0.8＝48（m^3）；该现浇混凝土柱 $10m^3$ 需消耗混凝土搅拌机台班＝10.5÷48＝0.219（台班）。

考点 4　建筑工程费用定额的应用

（题干）某施工企业的企业管理费费率以人工费为计算基础，其生产工人年平均管理费为 4500 元，年有效施工天数为 300d，人工单价为 80 元/d，人工费占分部分项工程费的比例为 25%，则该企业的企业管理费费率为（A）。

A. 18.75%　　B. 17.78%

C. 15.00%　　D. 4.69%

细说考点

1. 企业管理费费率的计算公式如下。

(1) 以人、材、机费为计算基础。

$$企业管理费费率(\%)=\frac{生产工人年平均管理费}{年有效施工天数\times人工单价}\times人工费占人、材、机费的比例(\%)$$

(2) 以人工费和机械费合计为计算基础。

$$企业管理费费率(\%)=\frac{生产工人年平均管理费}{年有效施工天数\times(人工单价+每台班施工机具使用费)}\times100\%$$

(3) 以人工费为计算基础。

$$企业管理费费率（\%）=\frac{生产工人年平均管理费}{年有效施工天数\times人工单价}\times100\%$$

2. 本题中，以人工费为计算基础的企业管理费费率（%）$=\frac{4500}{300\times80}\times100\%=$ 18.75%。注意“人工费占分部分项工程费的比例为 25%”是干扰条件。

3. 通过下面例题来了解关于增值税的计算。

某建筑工程的造价组成见下表，该工程的含税造价为（D）万元。

名称	人工费（万元）	材料费（万元）	机具费（万元）	管理费、规费、利润（万元）	增值税
金额及费率	1000	3680	1800	800	9%
说明	不含税	含税，可抵扣综合进项税率为 15%	不含税	—	—

A. 7935.2　　B. 6540

C. 7063.2　　D. 7412

分析　本题中，材料费为含税价格，其不含税价=3680/(1+15%)=3200（万元）；题目中要求计算的是含税造价，即税前造价+增值税=(人工费+材料费+施工机具使用费+企业管理费+利润+规费)×(1+9%)=(1000+3200+1800+800)×(1+9%)=7412（万元）。

考点 5　土建工程最高投标限价的确定

（题干）某高层商业办公综合楼工程建筑面积为 100000m²。根据计算，建筑工程造价为 2300 元/m²，安装工程造价为 1200 元/m²，装饰装修工程造价为 1000 元/m²，其中定额人工费占分部分项工程造价的 15%。措施费以分部分项工程费为计费基础，其中安全文明施工费费率为 1.5%，其他措施费费率合计为 1%。其他项目费合计为 800 万元，规费费率为 8%，增值税率为 9%，则最高投标限价为（C）万元。

A. 50936.85　　B. 51515.00

C. 51736.85　　D. 54125.00

细说考点

1. 本题的计算过程为：

序号	内容	计算方法	金额（万元）
1	分部分项工程费	(1)+(2)+(3)	45000
(1)	建筑工程费	100000×2300	23000

续表

序号	内容	计算方法	金额（万元）
(2)	安装工程费	100000×1200	12000
(3)	装饰装修工程费	100000×1000	10000
2	措施项目费	分部分项工程费×(1.5%+1%)	1125
	其中：安全文明施工费	分部分项工程费×1.5%	675
3	其他项目费	—	800
4	规费	分部分项工程费×15%×8%	540
5	增值税（扣除不列入计税范围的工程设备金额）	(1+2+3+4)×9%	4271.85
最高投标限价		1+2+3+4+5	51736.85

2.最高投标限价的编制流程：

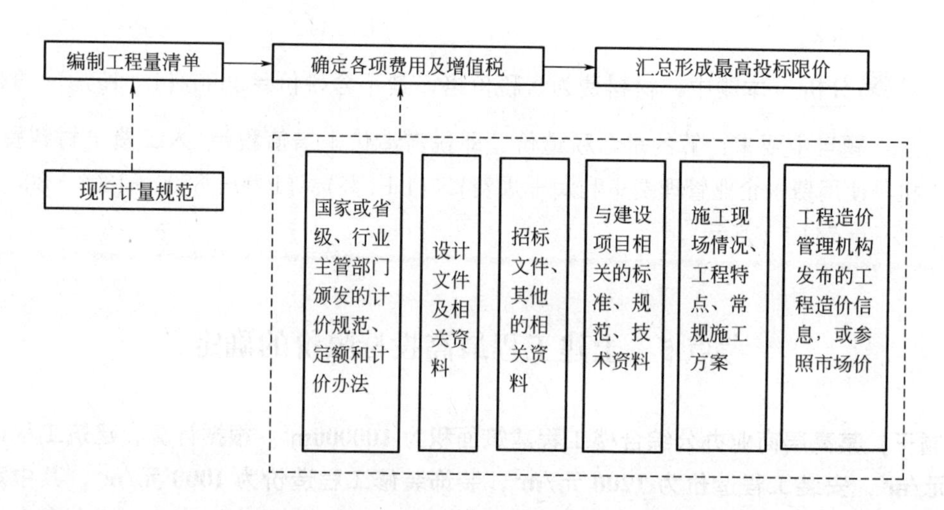

3.建设工程的最高投标限价应由组成建设工程项目的各单项工程费用组成。各单项工程费用应由组成单项工程的单位工程费用组成。各单位工程费用应由分部分项工程费、措施项目费、其他项目费、规费和增值税组成。

考点6　土建工程投标报价的确定

（题干）某多层砖混住宅工程，其基础工程的分部分项工程和单价措施项目清单与计价表如下，投标人根据自主报价原则，管理费按人、材、机费之和的10%计取，利润按人、材、机费之和的5%计取，不考虑措施项目费、其他项目费和规费、增值税和风险时，该工程的投标报价为（B）万元。

分部分项工程和单价措施项目清单与计价表

工程名称：多层砖混住宅工程

序号	项目编码	项目名称	项目特征描述	计量单位	工程量	金额（元）		
						综合单价	合价	其中 暂估价
1	010101003001	挖沟槽土方	土类别：三类土 挖土深度：3m 运距：60m	m^3	96.91	102.15		
2	010101001001	回填方	密实度要求：夯实	m^3	47.06	82.77		
3	010101002001	余方弃置	运距：4km	m^3	49.85	36.36		
4	010401001001	砖基础	砖品种、强度等级：页岩标砖、MU10 基础类型：带形基础 砂浆强度等级：M5 水泥砂浆	m^3	37.60	459.16		
5	010404001001	垫层	垫层材料种类、厚度：3∶7 灰土、500mm 厚	m^3	16.15	191.42		

A. 32067.76　　B. 35962.92

C. 34150.36　　D. 41357.36

细说考点

1. 本题的计算过程为：

分部分项工程和单价措施项目清单与计价表

工程名称：多层砖混住宅工程

序号	项目编码	项目名称	项目特征描述	计量单位	工程量	金额（元）		
						综合单价	合价	其中 暂估价
1	010101003001	挖沟槽土方	土类别：三类土 挖土深度：3m 运距：60m	m^3	96.91	102.15	9899.36	
2	010101001001	回填方	密实度要求：夯实	m^3	47.06	82.77	3895.16	
3	010101002001	余方弃置	运距：4km	m^3	49.85	36.36	1812.55	
4	010401001001	砖基础	砖品种、强度等级：页岩标砖、MU10 基础类型：带形基础 砂浆强度等级：M5 水泥砂浆	m^3	37.60	459.16	17264.42	

续表

序号	项目编码	项目名称	项目特征描述	计量单位	工程量	金额（元）		
						综合单价	合价	其中暂估价
5	010404001001	垫层	垫层材料种类、厚度：3∶7 灰土、500mm 厚	m^3	16.15	191.42	3091.43	
			合计				35962.92	

多层砖混住宅工程投标报价由 1、2、3、4、5 五个项目的合价构成，即投标报价为 35962.92 元。

2. 投标报价的编制流程：

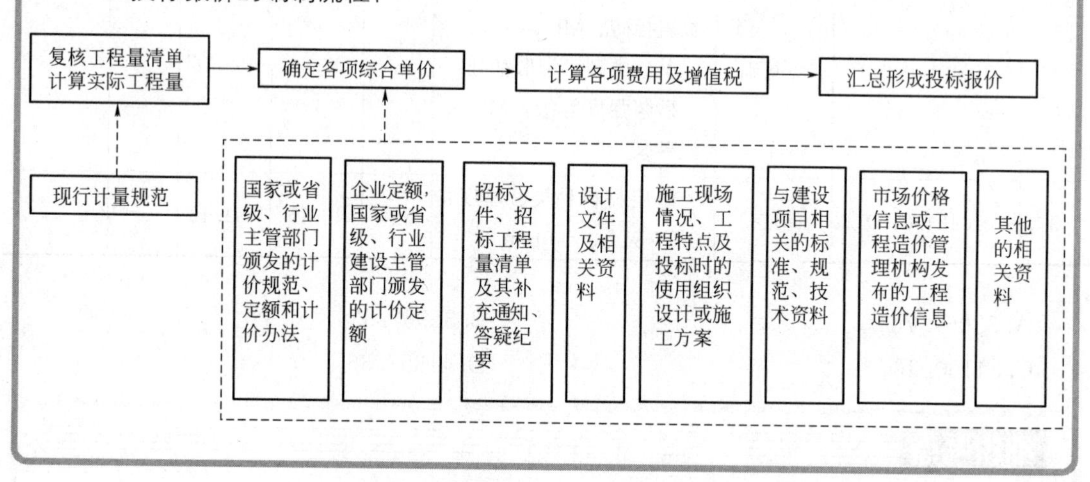

考点 7　土建工程综合单价的确定

（题干）根据《建设工程工程量清单计价规范》GB 50500—2013，业主提供的清单工程量为 3950m³。施工企业预计的实际施工量为 4500m³。完成该分项工程的人料机费为 120000 元，管理费为 50000 元，利润为 25000 元。不考虑其他因素，该挖土方的综合单价为（A）元/m³。

A. 49.37　　B. 43.33

C. 30.38　　D. 26.67

细说考点

1. 本题中，该挖土方的综合单价＝（人、料、机总费用＋管理费＋利润）/清单工程量＝（120000＋50000＋25000）/3950＝49.37（元/m³）。

2. 综合单价确定的步骤和方法。

当分部分项工程内容比较简单，由单一计价子项计价，且《建设工程工程量清单计价规范》GB 50500—2013 与所使用计价定额中的工程量计算规则相同时，综合单价的确定只需用相应计价定额子目中的人、材、机费作为基数计算管理费、利润，再考虑相应的风险费用即可。当工程量清单给出的分部分项工程与所用计价定额的单位不同或工程量计算规则不同，则需要按计价定额的计算规则重新计算工程量，并按照下列步骤来确定综合单价。

（1）确定计算基础。主要包括消耗量指标和生产要素单价。

（2）分析每一清单项目的工程内容。在招标工程量清单中，招标人已对项目特征进行了准确、详细的描述，投标人根据这一描述，再结合施工现场情况和拟定的施工方案确定完成各清单项目实际应发生的工程内容。

（3）计算工程内容的工程数量与清单单位的含量。每一项工程内容都应根据所选定额的工程量计算规则计算其工程数量，当定额的工程量计算规则与清单的工程量计算规则相一致时，可直接以工程量清单中的工程量作为工程内容的工程数量。

当采用清单单位含量计算人工费、材料费、施工机具使用费时，还需要计算每一计量单位的清单项目所分摊的工程内容的工程数量，即清单单位含量。

$$清单单位含量=\frac{某工程内容的定额工程量}{清单工程量}$$

（4）分部分项工程人工、材料、机械费用的计算。

（5）计算综合单价。

考点 8　土建工程竣工结算

（题干）关于竣工结算编制与支付的说法，正确的有（ABCDEFGHIJK）。

A. 工程竣工结算应由承包人或受其委托具有相应资质的工程造价咨询人编制

B. 工程竣工结算应由发包人或受其委托具有相应资质的工程造价咨询人核对

C. 分部分项工程和措施项目中的单价项目应依据双方确认的工程量与已标价工程量清单的综合单价计算

D. 措施项目中的总价项目应依据已标价工程量清单的项目和金额计算

E. 计日工应按发包人实际签证确认的事项计算

F. 总承包服务费应依据已标价工程量清单的金额计算，发生调整的，以发承包双方确认调整的金额计算

G. 索赔费用应依据发承包双方确认的索赔事项和金额计算

H. 暂列金额应减去合同价款调整金额计算，如有余额归发包人

I. 发承包双方在合同实施过程中已经确认的工程计量结果和合同价款，在竣工结算办理中应直接计入结算

J. 除专用合同条款另有约定外，竣工结算申请单应包括应扣留的质量保证金

K. 除专用合同条款另有约定外，发包人应在签发竣工付款证书后的 14d 内，完成对承包人的竣工付款

细说考点

1.该考点在命题时主要是判断正确与错误的选择题。

2.注意A、B选项，可能作为单项选择题考查编制人与核对人。

3.F选项可能会设置的干扰选项是：总承包服务费按已标价工程量清单的金额计算，不应调整。H选项在余额归属上设置为“归承包人”就是错误的。

4.工程竣工结算分为：单位工程竣工结算、单项工程竣工结算和工程项目竣工总结算。单位工程竣工结算由施工承包单位编制，建设单位审查；实行总承包的工程，由具体承包单位编制单位工程竣工结算，在总承包单位审查的基础上，由建设单位审查。单项工程竣工结算、工程项目竣工总结算由总承包单位编制，建设单位可直接进行审查。

5.质量争议工程竣工结算也是需要掌握的重点。发包人对工程质量有异议拒绝办理工程竣工结算时，应按以下规定执行：

(1) 已经竣工验收或已竣工未验收但实际投入使用的工程，其质量争议按该工程保修合同执行，竣工结算按合同约定办理。

(2) 已竣工未验收且未实际投入使用的工程以及停工、停建工程的质量争议，双方应就有争议的部分委托有资质的检测鉴定机构进行检测，根据检测结果确定解决方案，或按工程质量监督机构的处理决定执行后办理竣工结算，无争议部分的竣工结算按合同约定办理。

考点9　土建工程合同价款的调整

(题干) 某独立土方工程，招标工程量清单数量为8000m^2，施工中由于设计变更调减为6000m^2，减少20%，该项目最高投标限价的综合单价为600元/m^2，投标报价为450元/m^2。若承包人报价浮动率为10%，该土方工程结算价为 (C) 万元。

A. 270.00　　B. 360.00

C. 275.40　　D. 367.20

细说考点

1.首先要掌握下面三个公式：

(1)当 $P_0<P_2\times(1-L)\times(1-15\%)$时，该类项目的综合单价：$P_1$ 按照 $P_2\times(1-L)\times(1-15\%)$调整

(2)当 $P_0>P_2\times(1+15\%)$时，该类项目的综合单价：P_1 按照 $P_2\times(1+15\%)$调整

(3)当 $P_0>P_2\times(1-L)\times(1-15\%)$且 $P_0<P_2\times(1+15\%)$时，可不调整。

式中，P_0 为承包人在工程量清单中填报的综合单价；P_1 为按照最终完成工程量重新调整后的综合单价；P_2 为发包人最高投标限价相应项目的综合单价；L 为承包人报价浮动率。

本题中，根据条件带入 $P_2\times(1-L)\times(1-15\%)=600\times(1-10\%)\times(1-15\%)=459$ 元/m^2>450 元/m^2。因此，P_1 按照 $P_2\times(1-L)\times(1-15\%)$ 进行调整，则土方工程结算价=459×6000=2754000(元)=275.4(万元)。

2. 在复习过程中应重点关注法律法规变化、工程量清单缺项、工程量偏差、市场价格波动、不可抗力、工程变更引起的合同价款调整。具体解题思路看下面例题:

(1) 某项目合同约定采用调值公式法进行结算。合同价为 200 万元，并约定合同价的 80%为可调部分。可调部分中，人工占 35%，材料占 55%，其余占 10%。结算时，人工费价格指数增长了 10%，材料费指数增长了 5%，而其他未发生变化。则该工程项目应结算的工程价款为 (B) 万元。

A. 200　　B. 210

C. 220　　D. 250

分析　B。工程价款=200×［20%+80%×（35%×1.1+55%×1.05+10%）］=210（万元）。

(2) 某工程项目的施工招标文件中表明该工程采用综合单价计价方式，其中，合同约定，实际完成工作量超过估计工作量 15%以上时允许调整单价。原来合同中有 A、B 两项土方工程，工程量均为 16 万 m^3，土方工程的合同单价为 16 元/m^3。实际工程量与估计工程量相等。施工过程中，总监理工程师以设计变更通知发布新增土方工程 C 的指示，该工作的性质和施工难度与 A、B 工作相同，工程量为 32 万 m^3。总监理工程师与承包单位依据合同约定协商后，确定的土方变更单价为 14 元/m^3，则新增土方工程款为 (A) 万元。

A. 457.6　　B. 452.8

C. 524.8　　D. 592.0

分析　承包人的变更费用计算如下:

① 工程量清单中计划土方工程量=16+16=32（万 m^3）;

② 新增土方工程量=32（万 m^3）;

③ 按照合同约定，应按原单价计算的新增工程量=32×15%=5.25（万 m^3）;

④ 新增土方工程款=5.25×16+（32−5.25）×14=457.6（万元）。

(3) 某工程在施工过程中，因不可抗力造成损失。根据《建设工程施工合同（示范文本）》(GF—2017—0201)，承包人及时向项目监理机构提出了索赔申请，并附有相关证明材料，要求补偿的经济损失如下:

(1) 在建工程损失 30 万元。

(2) 承包人受伤人员医药费、补偿金 5 万元。

(3) 施工机具损坏损失 15 万元。

(4) 施工机具闲置、施工人员窝工损失 6.5 万元。

(5) 工程清理、修复费用 4.2 万元。

根据上述条件，项目监理机构应批准的补偿金额为 (A) 万元。

A. 34.2　　B. 39.5

C. 46.0　　D. 61.0

分析　① 不可抗力造成工程本身的损失，由发包人承担。所以在建工程损失 30 万元的经济损失应补偿给承包人。

② 不可抗力造成承发包双方的人员伤亡，分别各自承担。所以承包人受伤人员医药费、补偿金 5 万元的经济损失不应补偿给承包人。

③ 不可抗力造成施工机械设备损坏，由承包人承担。所以施工机具损坏损失 15 万元的经济损失不应补偿给承包人。

④ 不可抗力造成承包人机械设备的停工损失，由承包人承担。所以施工机具闲置、施工人员窝工损失 6.5 万元的经济损失不应补偿给承包人。

⑤ 不可抗力造成工程所需清理、修复费用，由发包人承担。所以工程清理、修复费用 4.2 万元的经济损失应补偿给承包人。

根据上述分析，项目监理机构应批准的补偿金额：30＋4.2＝34.2（万元）。

考点 10　土建工程竣工决算的编制

（题干）建设单位根据国家有关规定在项目竣工验收阶段为确定建设项目从筹建到竣工验收实际发生的全部建设费用而编制的财务文件是（B）。

A. 竣工结算　　B. 竣工决算

C. 设计概算　　D. 投资估算

细说考点

1. 区分竣工决算与竣工结算。针对该考点，还可能会考查的题目：

工程项目完工并经竣工验收合格后，发承包双方按照施工合同的约定对所完成的工程项目进行的合同价款的计算、调整和确认是指（A）。

2. 编制竣工决算应具备的条件有：

（1）经批准的初步设计所确定的工程内容已完成。

（2）单项工程或建设项目竣工结算已完成。

（3）收尾工程投资和预留费用不超过规定的比例。

（4）涉及法律诉讼、工程质量纠纷的事项已处理完毕。

（5）项目建设单位应当完成各项账务处理。

（6）项目建设单位应当完成财产物资的盘点核实。

（7）影响工程竣工决算编制的重大问题已解决。

3. 完整的竣工决算所包含的内容有竣工财务决算说明书、竣工财务决算报表、工程竣工图、工程竣工造价对比分析。竣工财务决算说明书和竣工财务决算报表是竣工决算的核心内容。

第四章
工程计量与计价案例分析

考点1　建筑面积计算规则

【例题】

背景资料：

某小高层住宅楼建筑部分设计如图4-1、图4-2所示，共12层，每层层高均为3m，电梯机房与楼梯间部分凸出屋面。墙体除注明者外均为200mm厚加气混凝土墙，轴线位于墙中。外墙采用50mm厚聚苯板保温。楼面做法为20mm厚水泥砂浆抹面压光。楼层钢筋混凝土板厚100mm，内墙做法为20mm厚混合砂浆抹面压光。为简化计算首层建筑面积，按

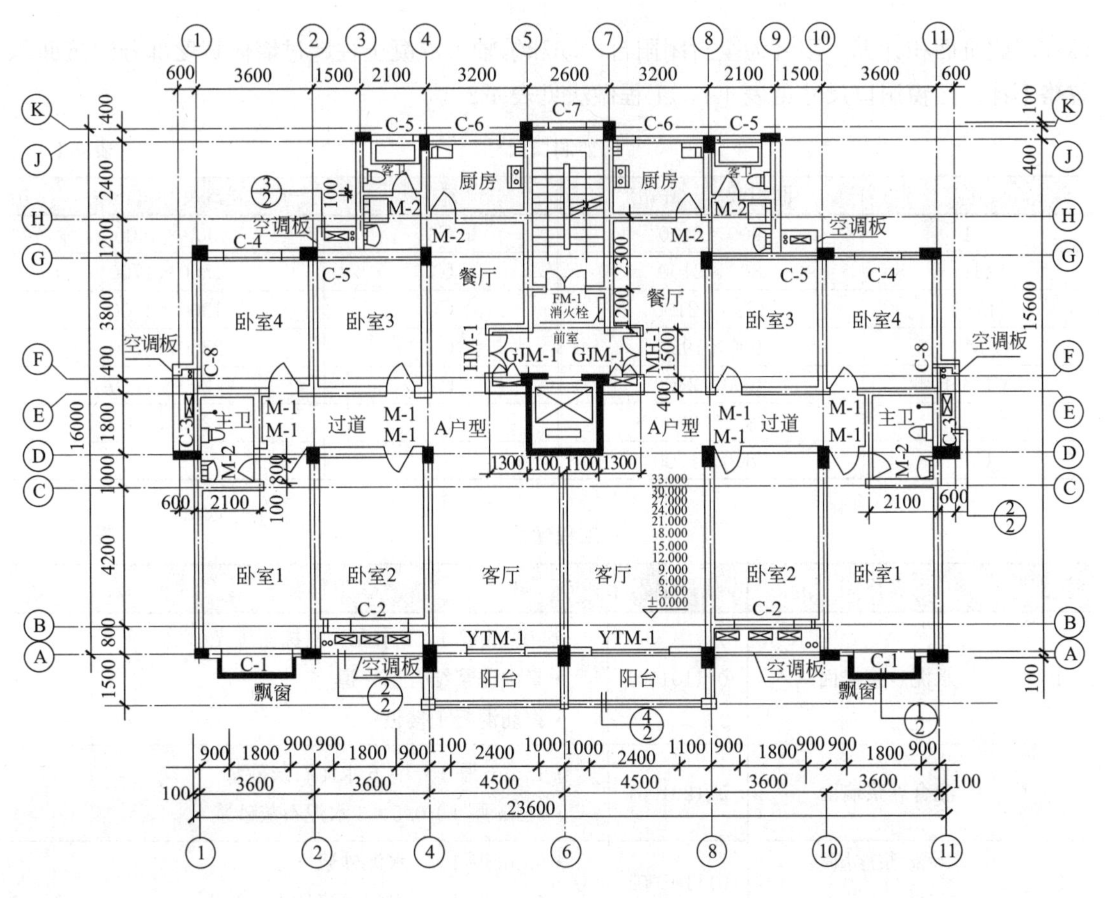

图4-1　标准层平面图

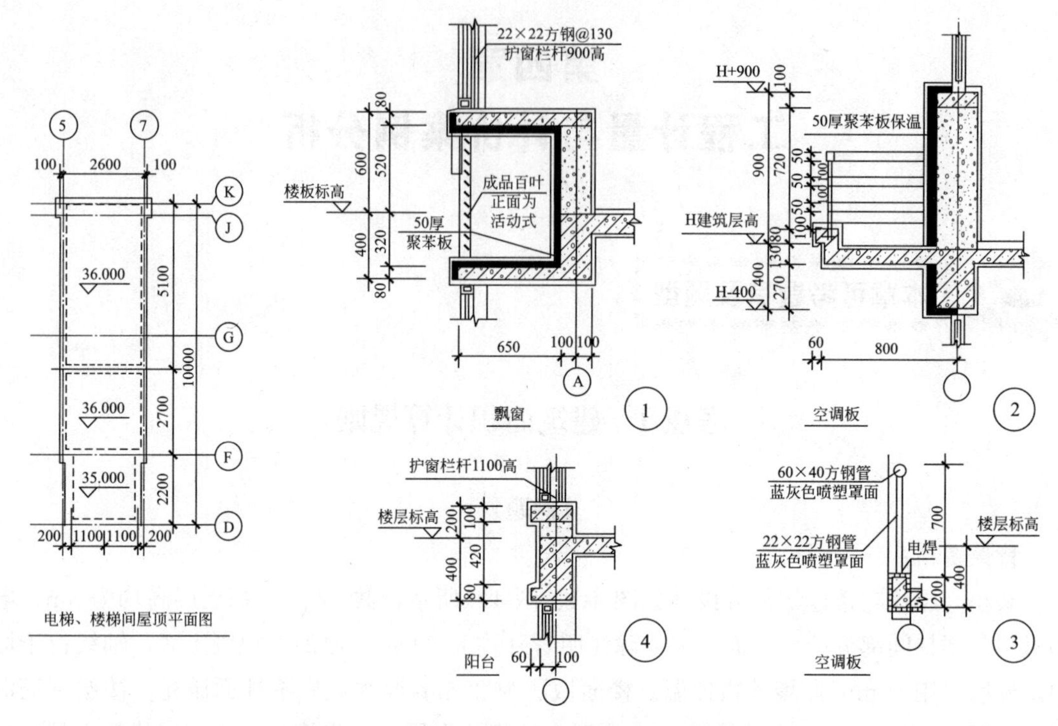

图 4-2　电梯、楼梯间屋顶平面图及节点图

标准层建筑面积计算。阳台为全封闭阳台，⑤和⑦轴上混凝土柱超过墙体宽度部分建筑面积忽略不计，门窗洞口尺寸见表 4-1，工程做法见表 4-2。

门窗洞口尺寸　　　　**表 4-1**

名称	洞口尺寸（mm）	名称	洞口尺寸（mm）
M1	900×2100	C3	900×1600
M2	800×2100	C4	1500×1700
HM-1	1200×2100	C5	1300×1700
GJM-1	900×1950	C6	2250×1700
YTM-1	2400×2400	C7	1200×1700
C1	1800×2000	C8	1200×1600
C2	1800×1700		

工程做法　　　　**表 4-2**

序号	名称	项目编码	工程做法
1	水泥砂浆楼面	011101001	·20mm 厚 1∶2 水泥砂浆抹面压光 ·素水泥浆结合层一道 ·钢筋混凝土楼板
2	混合砂浆墙面	011201001	·15mm 厚 1∶1∶6 水泥石灰砂浆 ·5mm 厚 1∶0.5∶3 水泥石灰砂浆
3	水泥砂浆踢脚线（150mm 高）	011105001	·6mm 厚 1∶3 水泥砂浆 ·6mm 厚 1∶2 水泥砂浆抹面压光

续表

序号	名称	项目编码	工程做法
4	混合砂浆天棚	011301001	·钢筋混凝土板底面清理干净 ·7mm 厚 1∶1∶4 水泥石灰砂浆 ·5mm 厚 1∶0.5∶3 水泥石灰砂浆
5	聚苯板外墙外保温	011001003	·砌体墙体 ·50mm 厚钢丝网架聚苯板锚筋固定 ·20mm 厚聚合物抗裂砂浆
6	80 系列单框中空玻璃塑钢推拉窗洞口 1800×2000	010807001	·80 系列、单框中空玻璃推拉窗 ·中空玻璃空气间层 12mm 厚，玻璃为 5mm 厚破璃 ·拉手、风撑

问题：

1. 依据《建筑工程建筑面积计算规范》GB/T 50353—2013 的规定，计算小高层住宅楼的建筑面积，将计算过程、计量单位及计算结果填入表 4-3“建筑面积计算表”。

建筑面积计算表 **表 4-3**

序号	分项工程名称	计量单位	工程数量	计算过程

2. 依据《房屋建筑与装饰工程工程量计算规范》GB 50854—2013 附录 M、L 的工程量计算规则，计算小高层住宅楼二层卧室 1、卧室 2、主卫的楼面工程量以及墙面工程量，将计算过程、计量单位及计算结果按要求填入表 4-4“分部分项工程量计算表”。

分部分项工程量计算表 **表 4-4**

分项工程名称	计量单位	工程数量	计算过程

3. 结合图纸及表 4-2“工程做法”，进行分部分项工程量清单的项目特征描述，将特征描述和分项计量单位填入表 4-5“分部分项工程量清单表”。

分部分项工程量清单表 **表 4-5**

序号	项目编码	工程名称	项目特征描述	分项计量单位	数量

（计算结果均保留两位小数）

【解答与细说考点】

问题 1：

【解答】

计算并填列建筑面积计算表，见表 4-6。

建筑面积计算表 **表 4-6**

序号	分项工程名称	计量单位	工程数量	计算过程
1	建筑面积	m^2	4175.96	（23.6＋0.05×2＋0.1×2）×（12＋0.1×2＋0.05×2）＝293.97 3.6×（13.2＋0.1×2＋0.05×2）＝48.6 0.4×（2.6＋0.1×2＋0.05×2）＝1.16 扣除：C-2 处： －（3.6－0.1×2－0.05×2）×0.8×2＝－5.28 加：阳台 9.2×（1.5＋0.1）×$\frac{1}{2}$＝7.36 电梯机房： （2.2＋0.1×2＋0.05×2）×2.2×$\frac{1}{2}$＝2.75 楼梯间： （2.8＋0.05×2）×（7.8＋0.1×2＋0.05×2）＝23.49 （293.97＋48.6＋1.16＋7.36－5.28）×12＋2.75＋23.49＝4175.96

细说考点

本案例问题 1 考核的是计算并填列建筑面积计算表。本题是根据《建筑工程建筑面积计算规范》GB/T 50353—2013 及背景资料中给出的数据进行计算。计算建筑面积时，可按照以下顺序计算建筑面积：先左后右，先横后竖，先上后下，先零后整，分块累计；先整后零，先算整块，再按块扣除。依据《建筑工程建筑面积计算规范》GB/T 50353—2013 阐述如下。

（1）建筑面积计算规则（表 4-7）

建筑面积计算规则 **表 4-7**

一般规定	建筑物的建筑面积应按自然层外墙结构外围水平面积之和计算。结构层高在 2.20m 及以上的，应计算全面积；结构层高在 2.20m 以下的，应计算 1/2 面积
建筑物内设有局部楼层	建筑物内设有局部楼层时，对于局部楼层的二层及以上楼层，有围护结构的应按其围护结构外围水平面积计算，无围护结构的应按其结构底板水平面积计算。结构层高在 2.20m 及以上的，应计算全面积；结构层高在 2.20m 以下的，应计算 1/2 面积

续表

坡屋顶	形成建筑空间的坡屋顶，结构净高在 2.10m 及以上的部位应计算全面积；结构净高在 1.20m 及以上至 2.10m 以下的部位应计算 1/2 面积；结构净高在 1.20m 以下的部位不应计算建筑面积
场馆看台	场馆看台下的建筑空间，结构净高在 2.10m 及以上的部位应计算全面积；结构净高在 1.20m 及以上至 2.10m 以下的部位应计算 1/2 面积；结构净高在 1.20m 以下的部位不应计算建筑面积。室内单独设置的有围护设施的悬挑看台，应按看台结构底板水平投影面积计算建筑面积。有顶盖无围护结构的场馆看台应按其顶盖水平投影面积的 1/2 计算面积
地下室、半地下室	地下室、半地下室应按其结构外围水平面积计算。结构层高在 2.20m 及以上的，应计算全面积；结构层高在 2.20m 以下的，应计算 1/2 面积
出入口	出入口外墙外侧坡道有顶盖的部位，应按其外墙结构外围水平面积的 1/2 计算面积
建筑物架空层及坡地建筑物吊脚架空层	建筑物架空层及坡地建筑物吊脚架空层，应按其顶板水平投影计算建筑面积。结构层高在 2.20m 及以上的，应计算全面积；结构层高在 2.20m 以下的，应计算 1/2 面积
建筑物的门厅、大厅	建筑物的门厅、大厅应按一层计算建筑面积，门厅、大厅内设置的走廊应按走廊结构底板水平投影面积计算建筑面积。结构层高在 2.20m 及以上的，应计算全面积；结构层高在 2.20m 以下的，应计算 1/2 面积
建筑物间的架空走廊	建筑物间的架空走廊，有顶盖和围护结构的，应按其围护结构外围水平面积计算全面积；无围护结构、有围护设施的，应按其结构底板水平投影面积计算 1/2 面积
立体书库、立体仓库、立体车库	立体书库、立体仓库、立体车库，有围护结构的，应按其围护结构外围水平面积计算建筑面积；无围护结构、有围护设施的，应按其结构底板水平投影面积计算建筑面积。无结构层的应按一层计算，有结构层的应按其结构层面积分别计算。结构层高在 2.20m 及以上的，应计算全面积；结构层高在 2.20m 以下的，应计算 1/2 面积
舞台灯光控制室	有围护结构的舞台灯光控制室，应按其围护结构外围水平面积计算。结构层高在 2.20m 及以上的，应计算全面积；结构层高在 2.20m 以下的，应计算 1/2 面积
附属在建筑物外墙的落地橱	附属在建筑物外墙的落地橱窗，应按其围护结构外围水平面积计算。结构层高在 2.20m 及以上的，应计算全面积；结构层高在 2.20m 以下的，应计算 1/2 面积
凸（飘）窗	窗台与室内楼地面高差在 0.45m 以下且结构净高在 2.10m 及以上的凸（飘）窗，应按其围护结构外围水平面积计算 1/2 面积

续表

室外走廊（挑廊）	有围护设施的室外走廊（挑廊），应按其结构底板水平投影面积计算1/2面积；有围护设施（或柱）的檐廊，应按其围护设施（或柱）外围水平面积计算1/2面积
门斗	门斗应按其围护结构外围水平面积计算建筑面积。结构层高在2.20m及以上的，应计算全面积；结构层高在2.20m以下的，应计算1/2面积
门廊	门廊应按其顶板水平投影面积的1/2计算建筑面积；有柱雨篷应按其结构板水平投影面积的1/2计算建筑面积；无柱雨篷的结构外边线至外墙结构外边线的宽度在2.10m及以上的，应按雨篷结构板的水平投影面积的1/2计算建筑面积
设在建筑物顶部的、有围护结构的楼梯间、水箱间、电梯机房	设在建筑物顶部的、有围护结构的楼梯间、水箱间、电梯机房等，结构层高在2.20m及以上的应计算全面积；结构层高在2.20m以下的，应计算1/2面积
建筑物的室内楼梯、电梯井、提物井、管道井、通风排气竖井、烟道	建筑物的室内楼梯、电梯井、提物井、管道井、通风排气竖井、烟道，应并入建筑物的自然层计算建筑面积。有顶盖的采光井应按一层计算面积，结构净高在2.10m及以上的，应计算全面积；结构净高在2.10m以下的，应计算1/2面积
室外楼梯	室外楼梯应并入所依附建筑物自然层，并应按其水平投影面积的1/2计算建筑面积
与室内相通的变形缝	与室内相通的变形缝，应按其自然层合并在建筑物建筑面积内计算。对于高低联跨的建筑物，当高低跨内部连通时，其变形缝应计算在低跨面积内
建筑物内的设备层、管道层、避难层等有结构层的楼层	对于建筑物内的设备层、管道层、避难层等有结构层的楼层，结构层高在2.20m及以上的，应计算全面积；结构层高在2.20m以下的，应计算1/2面积
不计算建筑面积的范围	下列项目不应计算建筑面积： （1）与建筑物内不相连通的建筑部件； （2）骑楼、过街楼底层的开放公共空间和建筑物通道； （3）舞台及后台悬挂幕布和布景的天桥、挑台等； （4）露台、露天游泳池、花架、屋顶的水箱及装饰性结构构件； （5）建筑物内的操作平台、上料平台、安装箱和罐体的平台； （6）勒脚、附墙柱、垛、台阶、墙面抹灰、装饰面、镶贴块料面层、装饰性幕墙，主体结构外的空调室外机搁板（箱）、构件、配件，挑出宽度在2.10m以下的无柱雨篷和顶盖高度达到或超过两个楼层的无柱雨篷； （7）窗台与室内地面高差在0.45m以下且结构净高在2.10m以下的凸（飘）窗，窗台与室内地面高差在0.45m及以上的凸（飘）窗；

续表

不计算建筑面积的范围	(8) 室外爬梯、室外专用消防钢楼梯； (9) 无围护结构的观光电梯； (10) 建筑物以外的地下人防通道，独立的烟囱、烟道、地沟、油(水)罐、气柜、水塔、贮油(水)池、贮仓、栈桥等构筑物

(2) 建筑面积计算原则

① 建筑面积计算，在主体结构内形成的建筑空间，满足计算面积结构层高要求的均应按规定计算建筑面积。主体结构外的室外阳台、雨篷、檐廊、室外走廊、室外楼梯等按相关规定计算建筑面积。当外墙结构本身在一个层高范围内不等厚时，以楼地面结构标高处的外围水平面积计算。

② 场馆看台下的建筑空间因其上部结构多为斜板，所以采用净高的尺寸划定建筑面积的计算范围和对应规则。室内单独设置的有围护设施的悬挑看台，因其看台上部设有顶盖且可供人使用，所以按看台板的结构底板水平投影计算建筑面积。"有顶盖无围护结构的场馆看台"中所称的"场馆"为专业术语，指各种"场"类建筑，如：体育场、足球场、网球场、带看台的风雨操场等。

③ 出入口坡道分有顶盖出入口坡道和无顶盖出入口坡道，出入口坡道顶盖的挑出长度为顶盖结构外边线至外墙结构外边线的长度；顶盖以设计图纸为准，对后增加及建设单位自行增加的顶盖等，不计算建筑面积。顶盖不分材料种类（如钢筋混凝土顶盖、彩钢板顶盖、阳光板顶盖等)。

④ 架空层建筑面积的计算方法适用于建筑物吊脚架空层、深基础架空层及部分住宅、学校教学楼等工程在底层架空或在二楼或以上某个甚至多个楼层架空，作为公共活动、停车、绿化等空间的情况。

⑤ 图书馆的立体书库、仓储中心的立体仓库、大型停车场的立体车库等建筑中，起局部分隔、存储等作用的书架层、货架层或可升降的立体钢结构停车层均不属于结构层，故该部分分层不计算建筑面积。

⑥ 雨篷分为有柱雨篷和无柱雨篷。有柱雨篷，没有出挑宽度的限制，也不受跨越层数的限制，均计算建筑面积。无柱雨篷，其结构板不能跨层，并受出挑宽度的限制，设计出挑宽度大于或等于 2.10m 时才计算建筑面积。出挑宽度，系指雨篷结构外边线至外墙结构外边线的宽度，弧形或异形时，取最大宽度。

⑦ 建筑物的楼梯间层数按建筑物的层数计算。有顶盖的采光井包括建筑物中的采光井和地下室采光井。

⑧ 室外楼梯作为连接该建筑物层与层之间交通不可缺少的基本部件，无论从其功能还是工程计价的要求来说，均需计算建筑面积。层数为室外楼梯所依附的楼层数，即梯段部分投影到建筑物范围的层数。利用室外楼梯下部的建筑空间不得重复计算建筑面积；利用地势砌筑的为室外踏步，不计算建筑面积。

⑨ 建筑物的阳台，不论其形式如何，均以建筑物主体结构为界分别计算建筑面积。

⑩ 幕墙以其在建筑物中所起的作用和功能来区分。直接作为外墙起围护作用的幕墙，按其外边线计算建筑面积；设置在建筑物墙体外起装饰作用的幕墙，不计算建筑面积。

⑪ 建筑物外墙外侧有保温隔热层的，保温隔热层以保温材料的净厚度乘以外墙结构外边线长度按建筑物的自然层计算建筑面积，其外墙外边线长度不扣除门窗和建筑物外已计算建筑面积构件（如阳台、室外走廊、门斗、落地橱窗等部件）所占长度。当建筑物外已计算建筑面积的构件（如阳台、室外走廊、门斗、落地橱窗等部件）有保温隔热层时，其保温隔热层也不再计算建筑面积。外墙是斜面者按楼面楼板处的外墙外边线长度乘以保温材料的净厚度计算。外墙外保温以沿高度方向满铺为准，某层外墙外保温铺设高度未达到全部高度时（不包括阳台、室外走廊、门斗、落地橱窗、雨篷、飘窗等），不计算建筑面积。保温隔热层的建筑面积是以保温隔热材料的厚度来计算的，不包含抹灰层、防潮层、保护层（墙）的厚度。

⑫ 设备、管道楼层归为自然层，其计算规则与普通楼层相同。在吊顶空间内设置管道的，则吊顶空间部分不能被视为设备层、管道层。

问题 2：

【解答】

计算并填列分部分项工程量计算表，见表 4-8。

分部分项工程量计算表 表 4-8

分项工程名称	计量单位	工程数量	计算过程
楼面工程（二层）	m^2	79.12	卧室 1： (3.4×5.8−2.1×1)×2=35.24 或(3.4×4.8+1×1.3)×2=35.24
楼面工程（二层）	m^2	79.12	卧室 2： 3.4×5×2=34 主卫： 1.9×2.6×2=9.88 合计：35.24+34+9.88=79.12
墙面抹灰工程（二层）	m^2	225.88	卧室 1： [(3.4+5.8)×2×2.9−1.8×2−0.9×2.1−0.8×2.1)]×2=92.38 卧室 2： [(3.4+5)×2×2.9−1.8×1.7−0.9×2.1]×2=87.54 主卫： [(1.9+2.6)×2×2.9−0.8×2.1−0.9×1.6]×2=45.96 合计：92.38+87.54+45.96=225.88

细说考点

本案例问题 2 考核的是分部分项工程量计算表的编制。依据《房屋建筑与装饰工程工程量计算规范》GB 50854—2013 附录 L、M、N、P、Q，阐述如下：

装饰装修工程工程量清单项目的计算规则 表 4-9

楼地面装饰工程		
整体面层及找平层	水泥砂浆楼地面、现浇水磨石楼地面、细石混凝土楼地面、菱苦土楼地面、自流坪楼地面	按设计图示尺寸以面积计算。扣除凸出地面构筑物、设备基础、室内铁道、地沟等所占面积，不扣除间壁墙及≤0.3m^2 柱、垛、附墙烟囱及孔洞所占面积。门洞、空圈、暖气包槽、壁龛的开口部分不增加面积
	平面砂浆找平层	按设计图示尺寸以面积计算
块料面层	石材楼地面、碎石材楼地面、块料楼地面	按设计图示尺寸以面积计算。门洞、空圈、暖气包槽、壁龛的开口部分并入相应的工程量内
橡塑面层	橡胶板楼地面、橡胶板卷材楼地面、塑料板楼地面、塑料卷材楼地面	
其他材料面层	地毯楼地面，竹、木（复合）地板，金属复合地板，防静电活动地板	
踢脚线	水泥砂浆踢脚线、石材踢脚线、块料踢脚线、塑料板踢脚线、木质踢脚线、金属踢脚线、防静电踢脚线	以平方米计量，按设计图示长度乘高度以面积计算。 以米计量，按延长米计算
楼梯面层	石材楼梯面层、块料楼梯面层、拼碎块料面层、水泥砂浆楼梯面层、现浇水磨石楼梯面层、地毯楼梯面层、木板楼梯面层、橡胶板楼梯面层、塑料板楼梯面层	按设计图示尺寸以楼梯（包括踏步、休息平台及≤500mm 的楼梯井）水平投影面积计算。楼梯与楼地面相连时，算至梯口梁内侧边沿；无梯口梁者，算至最上一层踏步边沿加 300mm
台阶装饰	石材台阶面、块料台阶面、拼碎块料台阶面、水泥砂浆台阶面、现浇水磨石台阶面、剁假石台阶面	按设计图示尺寸以台阶（包括最上层踏步边沿加 300mm）水平投影面积计算
零星装饰项目	石材零星项目、拼碎石材零星项目、块料零星项目、水泥砂浆零星项目	按设计图示尺寸以面积计算

续表

墙、柱面装饰与隔断、幕墙工程		
墙面抹灰	墙面一般抹灰、墙面装饰抹灰、墙面勾缝、立面砂浆找平层	按设计图示尺寸以面积计算。扣除墙裙、门窗洞口及单个＞0.3m² 的孔洞面积，不扣除踢脚线、挂镜线和墙与构件交接处的面积，门窗洞口和孔洞的侧壁及顶面不增加面积。附墙柱、梁、垛、烟囱侧壁并入相应的墙面面积内。 (1) 外墙抹灰面积按外墙垂直投影面积计算。 (2) 外墙裙抹灰面积按其长度乘以高度计算。 (3) 内墙抹灰面积按主墙间的净长乘以高度计算： 1) 无墙裙的，高度按室内楼地面至天棚底面计算； 2) 有墙裙的，高度按墙裙顶至天棚底面计算； 3) 有吊顶天棚抹灰，高度算至天棚底。 (4) 内墙裙抹灰面按内墙净长乘以高度计算
柱（梁）面抹灰	柱、梁面一般抹灰，柱、梁面装饰抹灰，柱、梁面砂浆找平	柱面抹灰：按设计图示柱断面周长乘高度以面积计算。 梁面抹灰：按设计图示梁断面周长乘长度以面积计算
	柱面勾缝	按设计图示柱断面周长乘高度以面积计算
零星抹灰	零星项目一般抹灰、零星项目装饰抹灰、零星项目砂浆找平	按设计图示尺寸以面积计算
墙面块料面层	石材墙面、拼碎石材墙面、块料墙面	按镶贴表面积计算
	干挂石材钢骨架	按设计图示以质量计算
柱（梁）面镶贴块料	石材柱面、块料柱面、拼碎块柱面、石材梁面、块料梁面	按镶贴表面积计算
镶贴零星块料	石材零星项目、块料零星项目、拼碎块零星项目	按镶贴表面积计算

续表

墙、柱面装饰与隔断、幕墙工程		
墙饰面	墙面装饰板	按设计图示墙净长乘净高以面积计算。扣除门窗洞口及单个＞$0.3m^2$ 的孔洞所占面积
	墙面装饰浮雕	按设计图示尺寸以面积计算
柱（梁）饰面	柱（梁）面装饰	按设计图示饰面外围尺寸以面积计算。柱帽、柱墩并入相应柱饰面工程量内
	成品装饰柱	以根计量，按设计数量计算。 以米计量，按设计长度计算
幕墙工程	带骨架幕墙	按设计图示框外围尺寸以面积计算。与幕墙同种材质的窗所占面积不扣除
	全玻（无框玻璃）幕墙	按设计图示尺寸以面积计算。带肋全玻幕墙按展开面积计算
隔断	木隔断、金属隔断	按设计图示框外围尺寸以面积计算。不扣除单个≤$0.3m^2$ 的孔洞所占面积；浴厕门的材质与隔断相同时，门的面积并入隔断面积内
	玻璃隔断、塑料隔断	按设计图示框外围尺寸以面积计算。不扣除单个≤$0.3m^2$ 的孔洞所占面积
	成品隔断	以平方米计量，按设计图示框外围尺寸以面积计算。以间计量，按设计间的数量计算
	其他隔断	按设计图示框外围尺寸以面积计算。不扣除单个≤$0.3m^2$ 的孔洞所占面积
天棚工程		
天棚抹灰		按设计图示尺寸以水平投影面积计算。不扣除间壁墙、垛、柱、附墙烟囱、检查口和管道所占的面积，带梁天棚的梁两侧抹灰面积并入天棚面积内，板式楼梯底面抹灰按斜面积计算，锯齿形楼梯底板抹灰按展开面积计算

续表

天棚工程		
天棚吊顶	吊顶天棚	按设计图示尺寸以水平投影面积计算。天棚面中的灯槽及跌级、锯齿形、吊挂式、藻井式天棚面积不展开计算。不扣除间壁墙、检查口、附墙烟囱，柱垛和管道所占面积，扣除单个>0.3m² 的孔洞、独立柱及与天棚相连的窗帘盒所占的面积
	格栅吊顶、吊筒吊顶、藤条造型悬挂吊顶、织物软雕吊顶、装饰网架吊顶	按设计图示尺寸以水平投影面积计算
门窗工程		
木门	木质门、木质门带套、木质连窗门、木质防火门	以樘计量，按设计图示数量计算。 以平方米计量，按设计图示洞口尺寸以面积计算
	木门框	以樘计量，按设计图示数量计算。 以米计量，按设计图示框的中心线以延长米计算
	门锁安装	按设计图示数量计算
金属门	金属（塑钢）门、彩板门、钢质防火门、防盗门	以樘计量，按设计图示数量计算。 以平方米计量，按设计图示洞口尺寸以面积计算

问题 3：

【解答】

填列分部分项工程量清单表，见表 4-10。

分部分项工程量清单表 **表 4-10**

序号	项目编码	项目名称	项目特征	计量单位	数量
1	011101001001	水泥砂浆楼面	1. 面层厚度：20mm 2. 砂浆配合比：1∶2 水泥砂浆 3. 素水泥浆结合层一道	m^2	—

续表

序号	项目编码	项目名称	项目特征	计量单位	数量
2	011201001001	墙面一般抹灰	1. 墙体类型：加气混凝土墙 2. 底层厚度、砂浆配合比：15mm，1∶1∶6水泥石灰砂浆 3. 面层厚度、砂浆配合比；5mm，1∶0.5∶3水泥石灰砂浆	m^2	—
3	011105001001	水泥砂浆踢脚线	1. 踢脚线高：150mm 2. 底层厚度、砂浆配合比：6mm，1∶3水泥砂浆 3. 面层厚度、砂浆配合比：6mm，1∶2水泥砂浆抹面压光	m^2	—
4	011301001001	天棚抹灰	1. 基层类型；钢筋混凝土天棚 2. 抹灰厚度、砂浆配合比、材料种类： 7mm，1∶1∶4水泥石灰砂浆 5mm，1∶0.5∶3水泥石灰砂浆	m^2	—
5	011001003001	保温隔热墙面	1. 部位：外墙 2. 方式：外保温或锚筋固定 3. 材料品种、规格：50mm聚苯板 4. 防护材料：20mm聚合物抗裂砂浆	m^2	—
6	010807001001	金属（塑钢、断桥）窗	1. 类型、外围尺寸，80系列单框推拉窗1800mm×2000mm 2. 材质：塑钢 3. 玻璃品种、厚度：中空玻璃5mm+12mm+5mm 4. 五金材料：拉手、风撑	樘	—

细说考点

本案例问题3考核的是分部分项工程量清单表的编制。根据《房屋建筑与装饰工程工程量计算规范》GB 50854—2013及《建设工程工程量清单计价规范》GB 50500—2013，分部分项工程量清单表的编制要点汇总如下：

（1）工程量清单的项目名称应按附录的项目名称结合拟建工程的实际确定。

（2）工程量清单的项目编码应采用十二位阿拉伯数字表示，一至九位应按附录的规定设置，十至十二位应根据拟建工程的工程量清单项目名称和项目特征设置，同一招标工程的项目编码不得有重码。

（3）工程量清单的计量单位应按附录中规定的计量单位确定。

(4) 工程量清单项目特征应按附录中规定的项目特征，结合拟建工程项目的实际予以描述。

(5) 工程量清单中所列工程量应按附录中规定的工程量计算规则计算。工程计量时每一项目汇总的有效位数应遵守下列规定：以“t”为单位，应保留小数点后三位数字，第四位小数四舍五入；以“m”“m^2”“m^3”“kg”为单位，应保留小数点后两位数字，第三位小数四舍五入；以“台”“个”“件”“套”“根”“组”“系统”等为单位，应取整数。

考点2　土建工程工程量计算规则

【例题】

背景资料：

某工厂机修车间轻型钢屋架系统，如图4-3“轻型钢屋架结构系统布置图”，图4-4“钢屋架构件图”所示。成品轻型钢屋架安装、油漆、防火漆消耗量定额基价表见表4-11“轻型钢屋架安装、油漆定额基价表”。

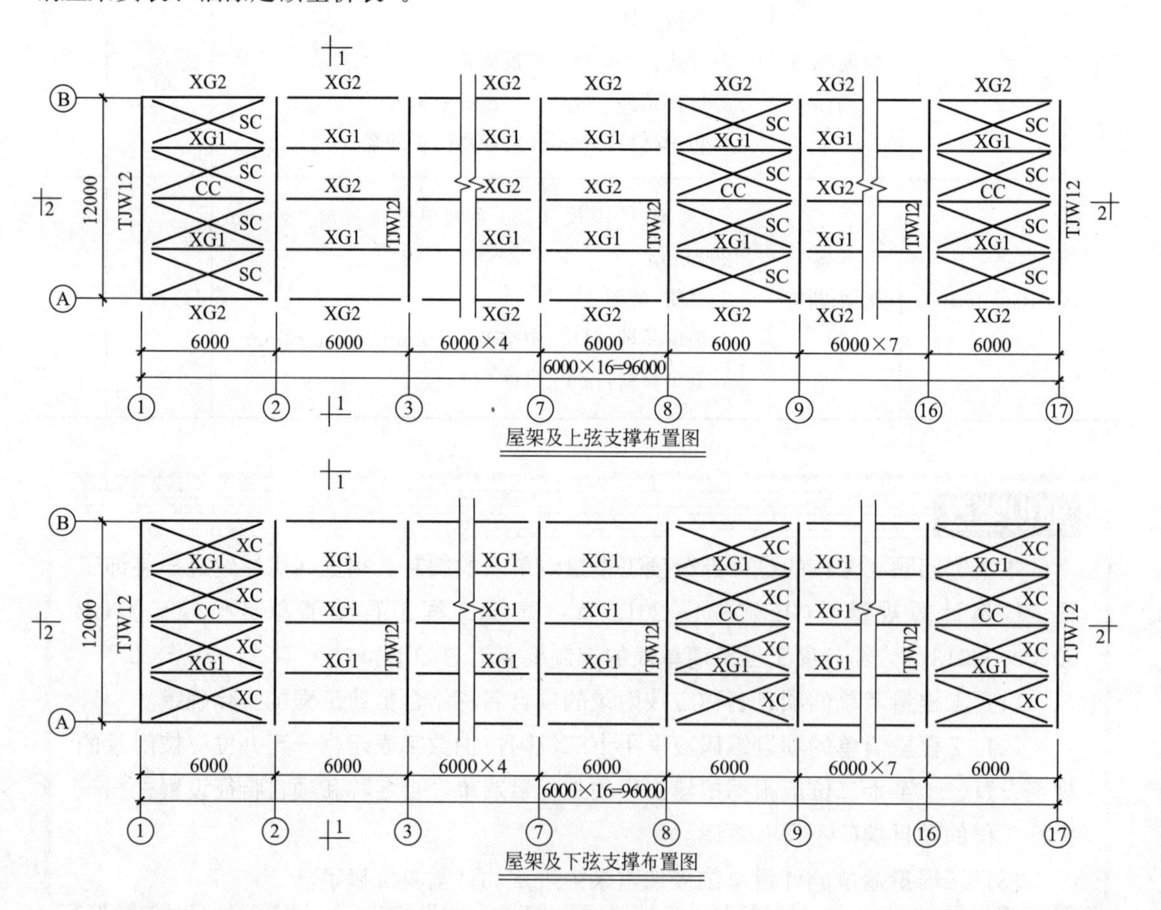

屋架及上弦支撑布置图

屋架及下弦支撑布置图

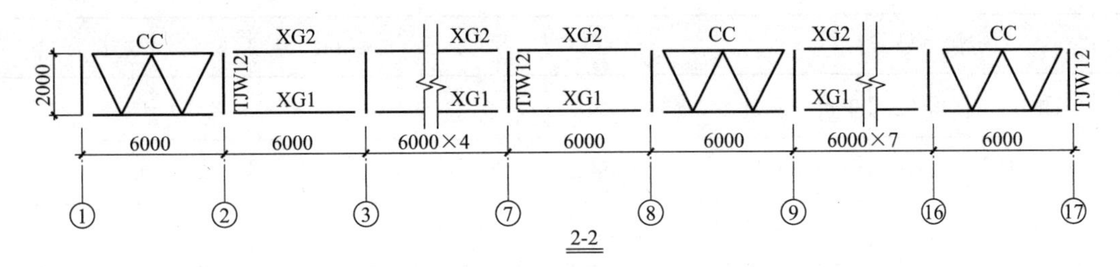

图 4-3　轻型钢屋架结构系统布置图

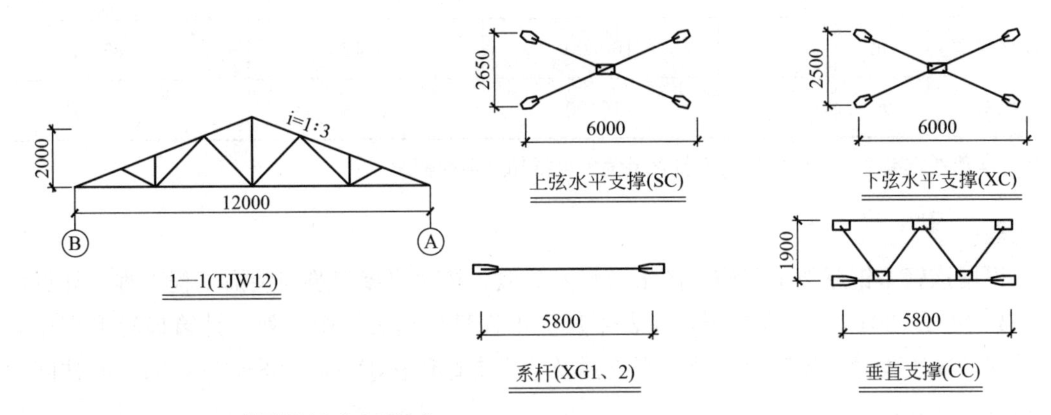

钢屋架结构构件重量表

序号	构件名称	构件编号	构件单重(kg)
1	轻型钢屋架	TJW12	510.00
2	上弦水平支撑	SC	56.00
3	下弦水平支撑	XC	60.00
4	垂直支撑	CC	150.00
5	系杆1	XG1	45.00
6	系杆2	XG2	48.00

说明：

①本屋面钢结构系统按Q235牌号镇静钢设计。

②钢构件详细材料表及下料尺寸见国家建筑标准图集06SG517-2。

③屋架上下弦水平支撑及垂直支撑仅在①～②、⑧～⑨、⑯～⑰柱间屋架上布置。

图 4-4　钢屋架构件图

轻型钢屋架安装、油漆定额基价表　　　　**表 4-11**

定额编号		6-10	6-35	6-36
项目		成品钢屋架安装	钢结构油漆	钢结构防火漆
		t	m^2	m^2
定额基价（元）		6854.10	40.10	21.69
其中	人工费（元）	378.10	19.95	15.20
	材料费（元）	6360.00	19.42	5.95
	机械费（元）	116.00	0.73	0.54

续表

定额编号			6-10	6-35	6-36
名称	单位	单价（元）			
综合工日	工日	95.00	3.98	0.21	0.16
成品钢屋架	t	6200.00	1.00		
油漆	kg	25.00		0.76	
防火漆	kg	17.00			0.30
其他材料费	元		160.00	0.42	0.85
机械费	元		116.00	0.73	0.54

注：本消耗定额基价表中费用均不包含增值税可抵扣进项税额。

问题：

1.根据该轻型钢屋架工程施工图纸及技术参数，按《房屋建筑与装饰工程工程量计算规范》GB 50854—2013 的计算规则，在表 4-12“工程量计算表”中，列式计算该轻型钢屋架系统分部分项工程量（屋架上下弦水平支撑及垂直支撑仅在①～②，⑧～⑨，⑯～⑰柱间屋架上布置）。

工程量计算表 **表 4-12**

序号	项目名称	计量单位	工程量	计算式
1	轻型钢屋架	t		
2	上弦水平支撑	t		
3	下弦水平支撑	t		
4	垂直支撑	t		
5	系杆 XG1	t		
6	系杆 XG2	t		

2.经测算轻型钢屋架表面涂刷工程量按 $35m^2/t$ 计算；《房屋建筑与装饰工程工程量计算规范》GB 50854—2013 钢屋架的项目编码为 010602001，企业管理费按人工、材料、施工机具使用费之和的 10%计取，利润按人工、材料、施工机具使用费、企业管理费之和的 7%计取，按《建设工程工程量清单计价规范》GB 50500—2013 的要求，结合轻型钢屋架消耗量定额基价表，列式计算每吨钢屋架油漆、防火漆的消耗量及费用、其他材料费用，并编制轻型钢屋架综合单价分析表（见表 4-13）。

轻型钢屋架综合单价分析表 **表 4-13**

工程名称：某工厂　　　　　　　　　　　　　　　　　　　　　标段：机修车间轻型钢屋架安装

项目编码		项目名称				计量单位			工作量		
清单综合单价组成明细											
定额编号	定额名称	定额单位	数量	单价/元				合价（元）			
				人工费	材料费	施工机具使用费	管理费和利润	人工费	材料费	施工机具使用费	管理费和利润
人工单价		小计									
元/工日		未计价材料费									
清单项目综合单价											
材料费明细	主要材料名称、规格、型号			单位	数量			单位（元）	合价（元）	暂估单价（元）	暂估合价（元）
	其他材料费										
	材料费小计										

3. 根据问题 1 和问题 2 的计算结果及表 4-14 中给定的信息，按《建设工程工程量清单计价规范》GB 50500—2013 的要求，编制该机修车间钢屋架系统分部分项工程和单价措施项目清单与计价表（见表 4-14）。

分部分项工程和单价措施项目清单与计价表 **表 4-14**

工程名称：某工厂　　　　　　　　　　　　　　　　　　　　　标段：机修车间轻型钢屋架安装

序号	项目编码	项目名称	项目特征描述	计量单位	工程量	金额（元）	
						综合单价	合价
一	分部分项工程费						
1	010602001001	轻型钢屋架	材质 Q235 镇静钢	t			
2	010606001001	上弦水平支撑	材质 Q235 镇静钢	t		9620.00	
3	010606001002	下弦水平支撑	材质 Q235 镇静钢	t		9620.00	
4	010606001003	垂直支撑	材质 Q235 镇静钢	t		9620.00	
5	010606001004	系杆 XG1	材质 Q235 镇静钢	t		8850.00	
6	010606001005	系杆 XG2	材质 Q235 镇静钢	t		8850.00	
	分部分项工程费小计					—	

续表

序号	项目编码	项目名称	项目特征描述	计量单位	工程量	金额（元）	
						综合单价	合价
二	单价措施项目						
1		大型机械进出场及安拆费		台次			
	单价措施项目小计			元	—		
	分部分项工程和单价措施项目合计			元	—		

4. 假定该分部分项工程费为 185000.00 元；单价措施项目费为 25000.00 元；总价措施项目仅考虑安全文明施工费，安全文明施工费按分部分项工程费的 4.5%计取；其他项目费为零；人工费占分部分项工程及措施项目费的 8%，规费按人工费的 24%计取；增值税税率按 9%计取。按《建设工程工程量清单计价规范》GB 50500—2013 的要求，列式计算安全文明施工费、措施项目费、规费、增值税，并在表 4-15 中编制该轻型钢屋架系统单位工程招标控制价。

单位工程招标控制价汇总表　　表 4-15

序号	项目名称	金额（元）
1	分部分项工程费	
2	措施项目费	
2.1	其中：安全文明施工费	
3	其他项目费	
4	规费	
5	增值税	
招标控制价		

（上述各问题中提及的各项费用均不包含增值税可抵扣进项税额，所有计算结果保留两位小数）

【解答与细说考点】

问题 1：

【解答】

工程量计算表见表 4-16。

工程量计算表　　表 4-16

序号	项目名称	计量单位	工程量	计算式
1	轻型钢屋架	t	8.67	17×510=8670kg=8.67t
2	上弦水平支撑	t	0.67	12×56=672kg=0.67t

续表

序号	项目名称	计量单位	工程量	计算式
3	下弦水平支撑	t	0.72	12×60=720kg=0.72t
4	垂直支撑	t	0.45	3×150=450kg=0.45t
5	系杆 XG1	t	3 47	(16×4+13)×45=3465kg=3.47t
6	系杆 XG2	t	2.16	(16×2+13)×48=2160kg=2.16t

细说考点

本案例问题1考核的是土建工程工程量计量规则。根据《房屋建筑与装饰工程工程量计算规范》GB 50854—2013，土建工程工程量计量规则要点见表4-17。

土建工程工程量计量规则要点　　表4-17

土方工程	平整场地	按设计图示尺寸以建筑物首层建筑面积计算
	挖一般土方	按设计图示尺寸以体积计算
	挖沟槽土方及挖基坑土方	按设计图示尺寸以基础垫层底面积乘以挖土深度计算
	冻土开挖	按设计图示尺寸开挖面积乘以厚度以体积计算
	挖淤泥、流沙	按设计图示位置、界限以体积计算
	管沟土方	以米计量，按设计图示以管道中心线长度计算；以立方米计量，按设计图示管底垫层面积（无管底垫层按管外径的水平投影面积）乘以挖土深度计算。不扣除各类井的长度，井的土方并入
石方工程	挖一般石方	按设计图示尺寸以体积计算
	挖沟槽石方	按设计图示尺寸沟槽底面积乘以挖石深度以体积计算
	挖管沟石方	以米计量，按设计图示以管道中心线长度计算；以立方米计量，按设计图示截面积乘以长度计算
回填	回填方	按设计图示尺寸以体积计算。 （1）场地回填：回填面积乘平均回填厚度。 （2）室内回填：主墙间面积乘回填厚度，不扣除间隔墙。 （3）基础回填：按挖方清单项目工程量减去自然地坪以下埋设的基础体积（包括基础垫层及其他构筑物）
	余方弃置	按挖方清单项目工程量减利用回填方体积（正数）计算

续表

打桩	预制钢筋混凝土管桩、预制钢筋混凝土方桩	（1）以米计量，按设计图示尺寸以桩长（包括桩尖）计算。 （2）以立方米计量，按设计图示截面积乘以桩长（包括桩尖）以实体积计算。 （3）以根计量，按设计图示数量计算
	钢管桩	（1）以吨计量，按设计图示尺寸以质量计算。 （2）以根计量，按设计图示数量计算
	截（凿）桩头	（1）以立方米计量，按设计桩截面乘以桩头长度以体积计算。 （2）以根计量，按设计图示数量计算
灌注桩	泥浆护壁成孔灌注桩、沉管灌注桩、干作业成孔灌注桩	（1）以米计量，按设计图示尺寸以桩长（包括桩尖）计算。 （2）以立方米计量，按不同截面在桩上范围内以体积计算。 （3）以根计量，按设计图示数量计算
	挖孔桩土（石）方	按设计图示尺寸（含护壁）截面积乘以挖孔深度以立方米计算
	人工挖孔灌注桩	（1）以立方米计量，按桩芯混凝土体积计算。 （2）以根计量，按设计图示数量计算
	钻孔压浆桩	（1）以米计量，按设计图示尺寸以桩长计算。 （2）以根计量，按设计图示数量计算
	灌注桩后压浆	按设计图示以注浆孔数计算
地基处理	换填垫层	按设计图示尺寸以体积计算
	铺设土工合成材料	按设计图示尺寸以面积计算
	预压地基、强夯地基、振冲密实（不填料）	按设计图示处理范围以面积计算
	振冲桩（填料）	（1）以米计量，按设计图示尺寸以桩长计算。 （2）以立方米计量，按设计桩截面乘以桩长以体积计算
	砂石桩	以米计量，按设计图示尺寸以桩长（包括桩尖）计算；以立方米计量，按设计桩截面乘以桩长（包括桩尖）以体积计算
	水泥粉煤灰碎石桩、夯实水泥土桩、石灰桩、灰土（土）挤密桩	按设计图示尺寸以桩长（包括桩尖）计算
	深层搅拌桩、粉喷桩、柱锤冲扩桩	按设计图示尺寸以桩长计算
	注浆地基	以米计量，按设计图示尺寸以钻孔深度计算；以立方米计量，按设计图示尺寸以加固体积计算
	褥垫层	以平方米计量，按设计图示尺寸以铺设面积计算；以立方米计量，按设计图示尺寸以体积计算

续表

基坑与边坡支护	地下连续墙		按设计图示墙中心线长乘以厚度乘以槽深以体积计算
	咬合灌注桩		以米计量，按设计图示尺寸以桩长计算；以根计量，按设计图示数量计算
	圆木桩、预制钢筋混凝土板桩		以米计量，按设计图示尺寸以桩长（包括桩尖）计算；以根计量，按设计图示数量计算
	型钢桩		以吨计量，按设计图示尺寸以质量计算；以根计量，按设计图示数量计算
	钢板桩		以吨计量，按设计图示尺寸以质量计算；以平方米计量，按设计图示墙中心线长乘以桩长以面积计算
	锚杆（锚索）、土钉		以米计量，按设计图示尺寸以钻孔深度计算；以根计量，按设计图示数量计算
	喷射混凝土、水泥砂浆		按设计图示尺寸以面积计算
	钢筋混凝土支撑		按设计图示尺寸以体积计算
	钢支撑		按设计图示尺寸以质量计算，不扣除孔眼质量，焊条、铆钉、螺栓等不另增加质量
砌筑工程	砖砌体	砖基础	按设计图示尺寸以体积计算。包括附墙垛基础宽出部分体积，扣除地梁（圈梁）、构造柱所占体积，不扣除基础大放脚T形接头处的重叠部分及嵌入基础内的钢筋、铁件、管道、基础砂浆防潮层和单个面积≤0.3m² 的孔洞所占体积，靠墙暖气沟的挑檐不增加。 基础长度：外墙按外墙中心线，内墙按内墙净长线计算
		砖砌挖孔桩护壁	按设计图示尺寸以立方米计算
		实心砖墙、多孔砖墙、空心砖墙	按设计图示尺寸以体积计算。 扣除门窗、洞口、嵌入墙内的钢筋混凝土柱、梁、圈梁、挑梁、过梁及凹进墙内的壁龛、管槽、暖气槽、消火栓箱所占体积，不扣除梁头、板头、檩头、垫木、木楞头、沿缘木、木砖、门窗走头、砖墙内加固钢筋、木筋、铁件、钢管及单个面积≤0.3m² 的孔洞所占的体积。凸出墙面的腰线、挑檐、压顶、窗台线、虎头砖、门窗套的体积亦不增加。凸出墙面的砖垛并入墙体体积内计算： （1）墙长度：外墙按中心线、内墙按净长计算。 （2）墙高度： ①外墙：斜（坡）屋面无檐口天棚者算至屋面板底；有屋架且室内外均有天棚者算至屋架下弦底另加200mm；无天棚者算至屋架下弦底另加300mm，出檐宽度超过600mm时按实砌高度计算；与钢筋混凝土楼板隔层者算至板顶；平屋顶算至钢筋混凝土板底。

续表

砌筑工程	砖砌体	实心砖墙、多孔砖墙、空心砖墙	②内墙：位于屋架下弦者，算至屋架下弦底；无屋架者算至天棚底另加 100mm；有钢筋混凝土楼板隔层者算至楼板顶；有框架梁时算至梁底。 ③女儿墙：从屋面板上表面算至女儿墙顶面（如有混凝土压顶时算至压顶下表面）。 ④内、外山墙：按其平均高度计算。 （3）框架间墙：不分内外墙按墙体净尺寸以体积计算。 （4）围墙：高度算至压顶上表面（如有混凝土压顶时算至压顶下表面），围墙柱并入围墙体积内
		空斗墙	按设计图示尺寸以空斗墙外形体积计算。墙角、内外墙交接处、门窗洞口立边、窗台砖、屋檐处的实砌部分体积并入空斗墙体积内
		空花墙	按设计图示尺寸以空花部分外形体积计算，不扣除孔洞部分体积
		填充墙	按设计图示尺寸以填充墙外形体积计算
		实心砖柱、多孔砖柱	按设计图示尺寸以体积计算。扣除混凝土及钢筋混凝土梁垫、梁头、板头所占体积
		砖检查井	按设计图示数量计算
		零星砌砖	以立方米计量，按设计图示尺寸截面积乘以长度计算；以平方米计量，按设计图示尺寸水平投影面积计算；以米计量，按设计图示尺寸长度计算；以个计量，按设计图示数量计算
		砖散水、地坪	按设计图示尺寸以面积计算
		砖地沟、明沟	以米计量，按设计图示以中心线长度计算
	砖块砌体	砌块墙	按设计图示尺寸以体积计算。扣除门窗、洞口、嵌入墙内的钢筋混凝土柱、梁、圈梁、挑梁、过梁及凹进墙内的壁龛、管槽、暖气槽、消火栓箱所占体积，不扣除梁头、板头、檩头、垫木、木楞头、沿缘木、木砖、门窗走头、砌块墙内加固钢筋、木筋、铁件、钢管及单个面积≤0.3m² 的孔洞所占的体积。凸出墙面的腰线、挑檐、压顶、窗台线、虎头砖、门窗套的体积亦不增加。凸出墙面的砖垛并入墙体体积内计算。 （1）墙长度：外墙按中心线、内墙按净长计算。 （2）墙高度： ①外墙：斜（坡）屋面无檐口天棚者算至屋面板底；有屋架且室内外均有天棚者算至屋架下弦底另加 200mm；无天棚者算至屋架下弦底另加 300mm，出檐宽度超过 600mm 时按实砌高度计算；与钢筋混凝土楼板隔层者算至板顶；平屋面算至钢筋混凝土板底。

续表

砌筑工程	砖块砌体	砌块墙	②内墙：位于屋架下弦者，算至屋架下弦底；无屋架者算至天棚底另加100mm；有钢筋混凝土楼板隔层者算至楼板顶；有框架梁时算至梁底。 ③女儿墙：从屋面板上表面算至女儿墙顶面（如有混凝土压顶时算至压顶下表面）。 ④内、外山墙：按其平均高度计算。 （3）框架间墙：不分内外墙按墙体净尺寸以体积计算。 （4）围墙：高度算至压顶上表面（如有混凝土压顶时算至压顶下表面），围墙柱并入围墙体积内
		砌块柱	按设计图示尺寸以体积计算。扣除混凝土及钢筋混凝土梁垫、梁头、板头所占体积
	砖砌体	石基础	按设计图示尺寸以体积计算。包括附墙垛基础宽出部分体积，不扣除基础砂浆防潮层及单个面积≤0.3m^2的孔洞所占体积，靠墙暖气沟的挑檐不增加体积。基础长度：外墙按中心线，内墙按净长计算
		石勒脚	按设计图示尺寸以体积计算，扣除单个面积＞0.3m^2的孔洞所占的体积
		石挡土墙、石柱	按设计图示尺寸以体积计算
		石墙	按设计图示尺寸以体积计算。扣除门窗、洞口、嵌入墙内的钢筋混凝土柱、梁、圈梁、挑梁、过梁及凹进墙内的壁龛、管槽、暖气槽、消火栓箱所占体积，不扣除梁头、板头、檩头、垫木、木楞头、沿缘木、木砖、门窗走头、石墙内加固钢筋、木筋、铁件、钢管及单个面积≤0.3m^2的孔洞所占的体积。凸出墙面的腰线、挑檐、压顶、窗台线、虎头砖、门窗套的体积亦不增加。凸出墙面的砖垛并入墙体体积内计算。 （1）墙长度：外墙按中心线、内墙按净长计算。 （2）墙高度： ①外墙：斜（坡）屋面无檐口天棚者算至屋面板底；有屋架且室内外均有天棚者算至屋架下弦底另加200mm；无天棚者算至屋架下弦底另加300mm，出檐宽度超过600mm时按实砌高度计算；有钢筋混凝土楼板隔层者算至板顶；平屋顶算至钢筋混凝土板底。 ②内墙：位于屋架下弦者，算至屋架下弦底；无屋架者算至天棚底另加100mm；有钢筋混凝土楼板隔层者算至楼板顶；有框架梁时算至梁底。

续表

砌筑工程	砖砌体	石墙	③女儿墙：从屋面板上表面算至女儿墙顶面（如有混凝土压顶时算至压顶下表面）。 ④内、外山墙：按其平均高度计算。 (3) 围墙：高度算至压顶上表面（如有混凝土压顶时算至压顶下表面），围墙柱并入围墙体积内
		石栏杆	按设计图示以长度计算
		石护坡、石台阶	按设计图示尺寸以体积计算
		石坡道	按设计图示以水平投影面积计算
		石地沟、明沟	按设计图示以中心线长度计算
	垫层	垫层	按设计图示尺寸以立方米计算
混凝土及钢筋混凝土工程	现浇混凝土基础	垫层、带形基础、独立基础、满堂基础、桩承台基础、设备基础	按设计图示尺寸以体积计算。不扣除伸入承台基础的桩头所占体积
	现浇混凝土柱	矩形柱、构造柱、异形柱	按设计图示尺寸以体积计算。 柱高： (1) 有梁板的柱高，应自柱基上表面（或楼板上表面）至上一层楼板上表面之间的高度计算。 (2) 无梁板的柱高，应自柱基上表面（或楼板上表面）至柱帽下表面之间的高度计算。 (3) 框架柱的柱高：应自柱基上表面至柱顶高度计算。 (4) 构造柱按全高计算，嵌接墙体部分（马牙槎）并入柱身体积。 (5) 依附柱上的牛腿和升板的柱帽，并入柱身体积计算
	现浇混凝土梁	基础梁、矩形梁、异形梁、圈梁、过梁、弧形梁、拱形梁	按设计图示尺寸以体积计算。伸入墙内的梁头、梁垫并入梁体积内。 梁长： (1) 梁与柱连接时，梁长算至柱侧面。 (2) 主梁与次梁连接时，次梁长算至主梁侧面
	现浇混凝土墙	直形墙、弧形墙、短肢剪力墙、挡土墙	按设计图示尺寸以体积计算。扣除门窗洞口及单个面积>0.3m^2的孔洞所占体积，墙垛及突出墙面部分并入墙体体积计算内

续表

混凝土及钢筋混凝土工程	现浇混凝土板	有梁板、无梁板、平板、拱板、薄壳板、栏板	按设计图示尺寸以体积计算，不扣除单个面积≤0.3m²的柱、垛以及孔洞所占体积。压形钢板混凝土楼板扣除构件内压形钢板所占体积。有梁板（包括主、次梁与板）按梁、板体积之和计算，无梁板按板和柱帽体积之和计算，各类板伸入墙内的板头并入板体积内，薄壳板的肋、基梁并入薄壳体积内计算
		天沟（檐沟）、挑檐板	按设计图示尺寸以体积计算
		雨篷、悬挑板、阳台板	按设计图示尺寸以墙外部分体积计算，包括伸出墙外的牛腿和雨篷反挑檐的体积
		空心板	按设计图示尺寸以体积计算。空心板（GBF 高强薄壁蜂巢芯板等）应扣除空心部分体积
		其他板	按设计图示尺寸以体积计算
	现浇混凝土楼梯	直形楼梯、弧形楼梯	（1）以平方米计量，按设计图示尺寸以水平投影面积计算。不扣除宽度≤500mm 的楼梯井，伸入墙内部分不计算。 （2）以立方米计量，按设计图示尺寸以体积计算
	预制混凝土柱	矩形柱、异形柱	（1）以立方米计量，按设计图示尺寸以体积计算。 （2）以根计量，按设计图示尺寸以数量计算
	预制混凝土梁	矩形梁、异形梁、过梁、拱形梁、鱼腹式吊车梁和其他梁	（1）以立方米计量，按设计图示尺寸以体积计算。 （2）以根计量，按设计图示尺寸以数量计算
	预制混凝土屋架	折线型、组合、薄腹、门式刚架、天窗架	以立方米计量，按设计图示尺寸以体积计算；以榀计量，按设计图示尺寸以数量计算
	预制混凝土板	平板、空心板、槽形板、网架板、折线板、带肋板、大型板	以立方米计量，按设计图示尺寸以体积计算，不扣除单个面积≤300mm×300mm 的孔洞所占体积，扣除空心板空洞体积；以块计量，按设计图示尺寸以数量计算
		沟盖板、井盖板、井圈	以立方米计量，按设计图示尺寸以体积计算；以块计量，按设计图示尺寸以数量计算
	预制混凝土楼梯		以立方米计量，按设计图示尺寸以体积计算，扣除空心踏步板空洞体积；以段计量，按设计图示数量计算

续表

<table>
<tr><td rowspan="4">混凝土及钢筋混凝土工程</td><td rowspan="4">钢筋工程</td><td>现浇构件钢筋、预制构件钢筋、钢筋网片、钢筋笼</td><td>按设计图示钢筋（网）长度（面积）乘以单位理论质量计算</td></tr>
<tr><td>先张法预应力钢筋</td><td>按设计图示钢筋长度乘单位理论质量计算</td></tr>
<tr><td>后张法预应力钢筋、预应力钢丝、预应力钢绞线</td><td>按设计图示钢筋（丝束、绞线）长度乘单位理论质量计算。
（1）低合金钢筋两端均采用螺杆锚具时，钢筋长度按孔道长度减 0.35m 计算，螺杆另行计算。
（2）低合金钢筋一端采用镦头插片、另一端采用螺杆锚具时，钢筋长度按孔道长度计算，螺杆另行计算。
（3）低合金钢筋一端采用镦头插片、另一端采用帮条锚具时，钢筋增加 0.15m 计算；两端均采用帮条锚具时，钢筋长度按孔道长度增加 0.3m 计算。
（4）低合金钢筋采用后张混凝土自锚时，钢筋长度按孔道长度增加 0.35m 计算。
（5）低合金钢筋（钢绞线）采用 JM、XM、QM 型锚具，孔道长度≤20m 时，钢筋长度增加 1m 计算，孔道长度>20m 时，钢筋长度增加 1.8m 计算。
（6）碳素钢丝采用锥形锚具，孔道长度≤20m 时，钢丝束长度按孔道长度增加 1m 计算，孔道长度>20m 时，钢丝束长度按孔道长度增加 1.8m 计算。
（7）碳素钢丝采用镦头锚具时，钢丝束长度按孔道长度增加 0.35m 计算</td></tr>
<tr><td colspan="2">注意：钢筋工程量＝图示钢筋长度× 单位理论质量
图示钢筋长度＝构件尺寸－保护层厚度＋弯起钢筋增加长度＋两端弯钩长度＋图纸注明搭接长度</td></tr>
<tr><td colspan="4">措施项目</td></tr>
<tr><td rowspan="7">脚手架工程</td><td colspan="2">综合脚手架</td><td>按建筑面积计算</td></tr>
<tr><td colspan="2">外脚手架、里脚手架</td><td>按所服务对象的垂直投影面积计算</td></tr>
<tr><td colspan="2">悬空脚手架</td><td>按搭设的水平投影面积计算</td></tr>
<tr><td colspan="2">挑脚手架</td><td>按搭设长度乘以搭设层数以延长米计算</td></tr>
<tr><td colspan="2">满堂脚手架</td><td>按搭设的水平投影面积计算</td></tr>
<tr><td colspan="2">整体提升架</td><td>按所服务对象的垂直投影面积计算</td></tr>
<tr><td colspan="2">外装饰吊篮</td><td>按所服务对象的垂直投影面积计算</td></tr>
</table>

续表

<table>
<tr><td rowspan="2">混凝土模板及支架（撑）</td><td>基础、矩形柱、构造柱、异形柱、基础梁、矩形梁、异形梁、圈梁、过梁、弧形、拱形梁</td><td>按模板与现浇混凝土构件的接触面积计算。
（1）现浇钢筋混凝土墙、板单孔面积≤$0.3m^2$ 的孔洞不予扣除，洞侧壁模板亦不增加；单孔面积>$0.3m^2$ 时应予扣除，洞侧壁模板面积并入墙、板工程量内计算。
（2）现浇框架分别按梁、板、柱有关规定计算；附墙柱、暗梁、暗柱并入墙内工程量内计算。
（3）柱、梁、墙、板相互连接的重叠部分，均不计算模板面积。
（4）构造柱按图示外露部分计算模板面积</td></tr>
<tr><td colspan="2">注意：
（1）原槽浇灌的混凝土基础，不计算模板。
（2）混凝土模板及支撑（架）项目，只适用于以平方米计量，按模板与混凝土构件的接触面积计算。以立方米计量的模板及支撑（支架），按混凝土及钢筋混凝土实体项目执行，其综合单价中应包含模板及支撑（支架）。
（3）采用清水模板时，应在特征中注明。
（4）若现浇混凝土梁、板支撑高度超过 3.6m 时，项目特征应描述支撑高度。</td></tr>
<tr><td rowspan="10">其他措施项目</td><td>大型机械设备进出场及安拆</td><td>按使用机械设备的数量计算</td></tr>
<tr><td>成井</td><td>按设计图示尺寸以钻孔深度计算</td></tr>
<tr><td>排水、降水</td><td>按排、降水日历天数计算</td></tr>
<tr><td>安全文明施工</td><td rowspan="7">根据《房屋建筑与装饰工程工程量计算规范》GB 50854—2013 的相关规定计算</td></tr>
<tr><td>夜间施工</td></tr>
<tr><td>非夜间施工照明</td></tr>
<tr><td>二次搬运</td></tr>
<tr><td>冬雨期施工</td></tr>
<tr><td>地上、地下设施，建筑物的临时保护设施</td></tr>
<tr><td>已完工程及设备保护</td></tr>
</table>

问题 2：

【解答】

（1）每吨钢屋架油漆消耗量＝35×0.76＝26.60（kg）

每吨钢屋架油漆材料费＝26.60×25＝665.00（元）

每吨钢屋架防火漆消耗量＝35×0.3＝10.50（kg）

每吨钢屋架防火漆材料费＝10.5×17＝178.50（元）

每吨钢屋架其他材料费＝160＋（0.42＋0.85）×35＝204.45（元）

（2）填写轻型钢屋架综合单价分析表，见表4-18。

轻型钢屋架综合单价分析表 **表4-18**

工程名称：某工厂 标段：机修车间轻型钢屋架安装

项目编码	010602001001	项目名称	轻型钢屋架	计量单位	t	工程量	8.67

清单综合单价组成明细											
定额编号	定额名称	定额单位	数量	单价（元）				合价（元）			
				人工费	材料费	施工机具使用费	管理费和利润	人工费	材料费	施工机具使用费	管理费和利润
6-10	成品钢屋架安装	t	1	378.10	6360.00	116.00	1213.18	378.10	6360.00	116.00	1213.18
6-35	钢结构油漆	m^2	35	19.95	19.42	0.73	7.10	698.25	679.70	25.55	248.50
6-36	钢结构防火漆	m^2	35	15.20	5.95	0.54	3.84	532.00	208.25	18.90	134.40
人工单价		小计						1608.35	7247.95	160.45	1596.08
元/工日		未计价材料费						0.00			
清单项目综合单价								10612.83			

材料费明细	主要材料名称、规格、型号	单位	数量	单价（元）	合价（元）	暂估单价（元）	暂估合价（元）
	成品钢屋架安装	t	1.00	6200.00	6200.00		
	油漆	kg	26.60	25.00	665.00		
	防火漆	kg	10.50	17.00	178.50		
	其他材料费				204.45		
	材料费小计				7247.95		

细说考点

本案例问题2考核的是综合单价分析表的编制。根据《房屋建筑与装饰工程工程量计算规范》GB 50854—2013及《建设工程工程量清单计价规范》GB 50500—2013的规定及背景资料中提供的信息，进行综合单价分析表的计算与编制。综合单价包括人工费、材料和工程设备费、施工机具使用费、企业管理费、利润，并考虑风险费用的分摊。综合单价确定的步骤和方法如下：

（1）计算基础（包括消耗量指标和生产要素单价）的确定。

（2）对每一清单项目的工程内容进行分析。

（3）计算工程内容的工程数量与清单单位的含量：

$$清单单位含量=\frac{某工程内容的定额工程量}{清单工程量}$$

（4）计算分部分项工程人工、材料、施工机具使用费：

$$\text{每一计量单位清单项目某种资源的使用量}=\text{该种资源的定额单位用量}\times\text{相应定额条目的清单单位含量}$$

$$\text{人工费}=\text{完成单位清单项目所需人工的工日数量}\times\text{人工工日单价}$$

$$\text{材料费}=\sum\left(\text{完成单位清单项目所需各种材料、半成品的数量}\times\text{各种材料、半成品单价}\right)+\text{工程设备费}$$

$$\text{施工机具使用费}=\sum\left(\text{完成单位清单项目所需各种机械的台班数量}\times\text{各种机械的台班单价}\right)+\sum\left(\text{完成单位清单项目所需各种仪器仪表的台班数量}\times\text{各种仪器仪表的台班单价}\right)$$

(5) 综合单价计算:

企业管理费=(人工费+材料费+施工机械使用费)×企业管理费费率

利润=(人工费+材料费+施工机械使用费)×利润率或(人工费+材料费+施工机械使用费+企业管理费)×利润率

(6) 费用汇总:

综合单价=人工费+材料和工程设备费+施工机具使用费+企业管理费+利润(这里的利润应考虑合理风险费用)

综合单价分析表的编制见表4-19。

工程量清单综合单价分析表 **表4-19**

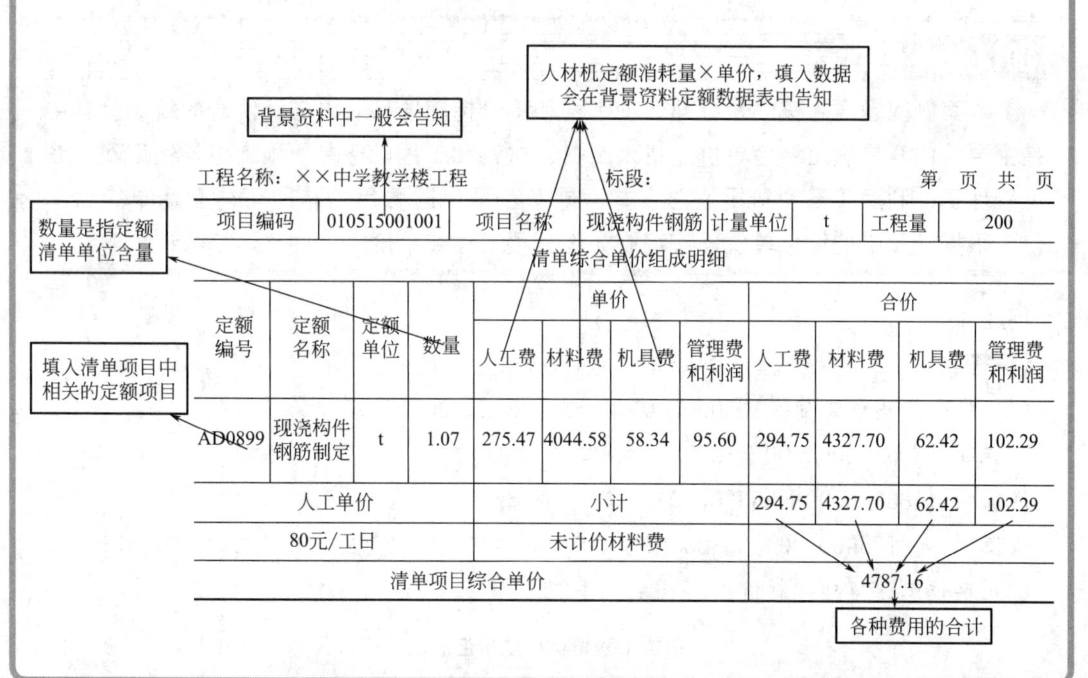

工程名称:××中学教学楼工程　　标段:　　第　页　共　页

项目编码	010515001001	项目名称	现浇构件钢筋	计量单位	t	工程量	200			
清单综合单价组成明细										
定额编号	定额名称	定额单位	数量	单价				合价		
				人工费	材料费	机具费	管理费和利润	人工费	材料费	机具费	管理费和利润
AD0899	现浇构件钢筋制定	t	1.07	275.47	4044.58	58.34	95.60	294.75	4327.70	62.42	102.29
人工单价				小计				294.75	4327.70	62.42	102.29
80元/工日				未计价材料费							
清单项目综合单价								4787.16			

问题3:

【解答】

分部分项工程和单价措施项目清单与计价表见表4-20。

分部分项工程和单价措施项目清单与计价表 **表 4-20**

工程名称：某工厂 标段：机修车间轻型钢屋架安装

序号	项目编码	项目名称	项目特征描述	计量单位	工程量	金额（元）	
						综合单价	合价
一	分部分项工程费						
1	010602001001	轻型钢屋架	材质 Q235 镇静钢	t	8.67	10612.83	92013.24
2	010606001001	上弦水平支撑	材质 Q235 镇静钢	t	0.67	9620.00	6445.40
3	010606001002	下弦水平支撑	材质 Q235 镇静钢	t	0.72	9620.00	6926.40
4	010606001003	垂直支撑	材质 Q235 镇静钢	t	0.45	9620.00	4329.00
5	010606001004	系杆 XG1	材质 Q235 镇静钢	t	3.47	8850.00	30709.50
6	010606001005	系杆 XG2	材质 Q235 镇静钢	t	2.16	8850.00	19116.00
	分部分项工程费小计				—		159539.54
二	单价措施项目						
1		大型机械进出场及安拆费		台次	1.00	25000.00	25000.00
	单价措施项目小计			元	—		25000.00
	分部分项工程和单价措施项目合计			元	—		184539.54

细说考点

本案例问题 3 考核的是分部分项工程和单价措施项目清单与计价表的编制。其中最主要的内容是确定综合单价。将人工费、材料和工程设备费、施工机具使用费、企业管理费、利润等五项费用汇总，并考虑了合理风险费用后，即可得到清单综合单价。根据计算出的综合单价，可编制分部分项工程和单价措施项目清单与计价表。

问题 4：

【解答】

（1）安全文明施工费＝185000.00×4.5％＝8325.00（元）

措施项目费＝25000.00＋8325.00＝33325.00（元）

规费＝（185000.00＋33325.00）×8％×24％＝4191.84（元）

增值税＝（185000.00＋33325.00＋4191.84）×9％＝20026.52（元）

（2）单位工程招标控制价汇总表见表 4-21。

单位工程招标控制价汇总表 **表 4-21**

序号	项目名称	金额（元）
1	分部分项工程费	185000.00
2	措施项目费	33325.00

续表

序号	项目名称	金额（元）
2.1	其中：安全文明施工费	8325.00
3	其他项目费	0.00
4	规费	4191.84
5	税金（增值税）	20026.52
招标控制价		242543.36

细说考点

本案例问题 4 考核的是单位工程招标控制价汇总表的编制。根据背景资料提供的数据，按《建设工程工程量清单计价规范》GB 50500—2013 进行计算并填列。根据《建设工程工程量清单计价规范》GB 50500—2013，招标控制价是指招标人根据国家或省级、行业建设主管部门颁发的有关计价依据和办法，以及拟定的招标文件和招标工程量清单，结合工程具体情况编制的招标工程的最高投标限价。即招标人在工程造价控制目标的限额范围内，设置的招标控制价，一般应包括总价及分部分项工程费、措施项目费、其他项目费、规费、税金，用以控制工程将设项目的合同价格。因此，单位工程招标控制价汇总表从报表形式上由分部分项工程和单价措施项目清单与计价表、总价措施项目清单与计价表、其他项目清单与计价表、单位工程招标控制价汇总表组成。其中，规费＝（分部分项工程费＋措施项目费＋其他项目费）×规费费率；税金＝（分部分项工程费＋措施项目费＋其他项目费＋规费）×税率。招标控制价费用汇总表的编制见表 4-22。

单位工程招标控制价汇总表 **表 4-22**

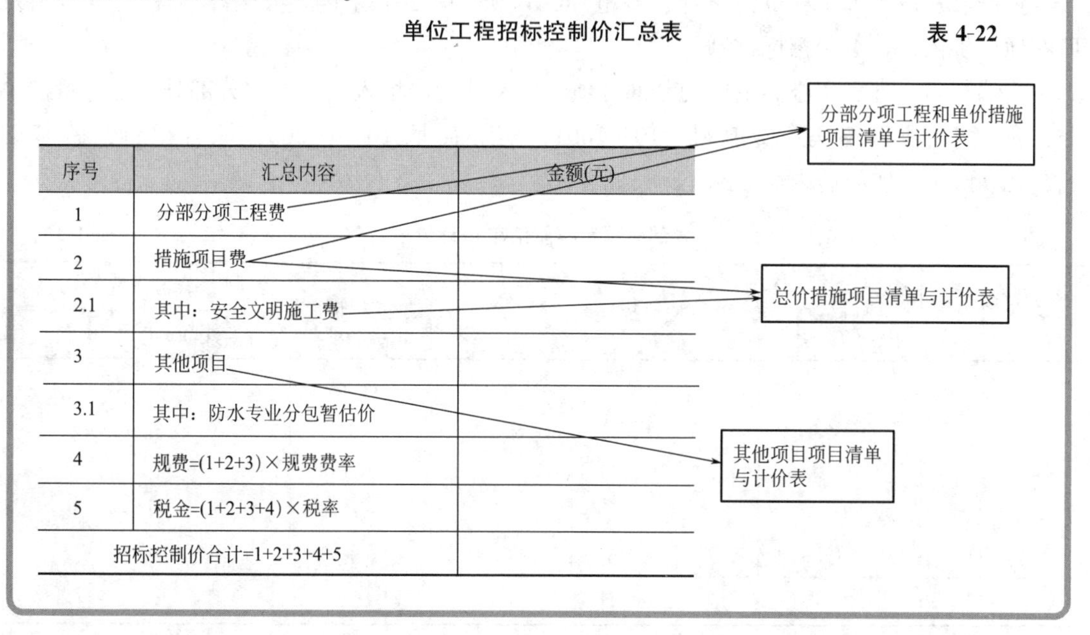

序号	汇总内容	金额(元)
1	分部分项工程费	
2	措施项目费	
2.1	其中：安全文明施工费	
3	其他项目	
3.1	其中：防水专业分包暂估价	
4	规费=(1+2+3)×规费费率	
5	税金=(1+2+3+4)×税率	
招标控制价合计=1+2+3+4+5		

考点 3　土建工程工程量清单的编制

【例题】

背景资料：

某工程采用工程量清单招标。按工程所在地的计价依据规定，措施费和规费均以分部分项工程费中人工费（已包含管理费和利润）为计算基础，经计算该工程分部分项工程费总计为 6300000 元，其中人工费为 1260000 元。其他有关工程造价方面的背景资料如下：

（1）条形砖基础工程量 160m^3，基础深 3m，采用 M5 水泥砂浆砌筑，多孔砖的规格 240mm×115mm×90mm。实心砖内墙工程量 1200m^3，采用 M5 混合砂浆砌筑，蒸压灰砂砖规格 240mm×115mm×53mm，墙厚 240mm。现浇钢筋混凝土矩形梁模板及支架工程量 420m^2，支模高度 2.6m。现浇钢筋混凝土有梁板模板及支架工程量 800m^2，梁截面 250mm×400mm，梁底支模高度 2.6m，板底支模高度 3m。

（2）安全文明施工费费率 25%，夜间施工费费率 2%，二次搬运费费率 1.5%，冬、雨期施工费费率 1%。按合理的施工组织设计，该工程需大型机械进出场及安拆费 26000 元，施工排水费 2400 元，施工降水费 22000 元，垂直运输费 120000 元，脚手架费 166000 元。以上各项费用中已包含管理费和利润。

（3）招标文件中载明，该工程暂列金额 330000 元，材料暂估价 100000 元，计日工费用 20000 元，总承包服务费 20000 元。

（4）社会保障费中养老保险费费率 16%，失业保险费费率 2%，医疗保险费费率 6%，住房公积金费率 6%，以上单价和费用中均不含增值税可抵扣进项税，增值税税率为 9%。

问题：

依据《建设工程工程量清单计价规范》GB 50500—2013 的规定，结合工程背景资料及所在地计价依据，编制招标控制价。

1. 编制砖基础和实心砖内墙的分部分项清单及计价，填入表 4-23“分部分项工程量清单与计价表”。项目编码：砖基础 010401001，实心砖墙 010401003。综合单价：砖基础 240.18 元/m^3，实心砖内墙 249.11 元/m^3。

分部分项工程量清单与计价表　　　　**表 4-23**

项目编码	项目名称	项目特征描述	计量单位	工程量	金额（元）	
					综合单价	合价
合计						

2. 编制工程措施项目清单及计价，填入表4-24“工程措施项目清单与计价表（一）”和表4-25“措施项目清单与计价表（二）”。补充的现浇钢筋混凝土模板及支架项目编码：梁模板及支架 AB001，有梁板模板及支架 AB002。综合单价：梁模板及支架 25.60 元/m^2，有梁板模板及支架 23.20 元/m^2。

工程措施项目清单与计价表（一） **表4-24**

序号	项目名称	计算基础（元）	费率（%）	金额（元）
合计				

注：本表适用于以“项”计价的措施项目。

工程措施项目清单计价表（二） **表4-25**

序号	项目编码	项目名称	项目特征描述	计量单位	工程量	金额（元）	
						综合单价	合价
合计							

注：本表适用于以综合单价计价的措施项目。

3. 编制工程其他项目清单及计价，填入表4-26“其他项目清单与计价表”。

其他项目清单与计价表 **表4-26**

序号	项目名称	计算单位	金额（元）
合计			

4. 编制工程规费和增值税项目清单及计价，填入表 4-27“规费、增值项目清单与计价表”。

规费、增值税项目清单与计价表 **表 4-27**

序号	项目名称	计算单位	费率（%）	金额（元）
合计				

5. 编制工程招标控制价汇总表及计价，根据以上计算结果，计算该工程的招标控制价，填入表 4-28“单位工程招标控制价汇总表”。

单位工程招标控制价汇总表 **表 4-28**

序号	项目名称	金额（元）
合计		

（以上计算结果均保留两位小数）

【解答与细说考点】

问题 1：

【解答】

编制分部分项工程量清单与计价表，见表 4-29。

分部分项工程量清单与计价表 **表 4-29**

项目编码	项目名称	项目特征描述	计量单位	工程量	金额（元）	
					综合单价	合价
010401001001	砖基础	M5 水泥砂浆砌筑多孔砖条形基础，砖规格 240mm×115mm×90mm，基础深度 3m	m^3	160	240.18	38428.80
010401003001	实心砖内墙	M5 混合砂浆砌筑蒸压灰砂砖墙，砖规格 240mm×115mm×53mm，墙厚 240mm	m^3	1200	249.11	298932.00
合计						337360.80

细说考点

本案例问题 1 考核的是分部分项工程量清单与计价表的编制。编制要点如下:

(1) 工程量清单的项目名称应按附录的项目名称结合拟建工程的实际确定。

(2) 工程量清单的项目编码应采用十二位阿拉伯数字表示，一至九位应按附录的规定设置，十至十二位应根据拟建工程的工程量清单项目名称和项目特征设置，同一招标工程的项目编码不得有重码。当同一标段（或合同段）的一份工程量清单中含有多个单位工程且工程量清单是以单位工程为编制对象时，应特别注意对项目编码十至十二位的设置不得有重码的规定。

(3) 工程量清单的计量单位应按规定的计量单位确定。工程计量时每一项目汇总的有效位数应遵守下列规定：以“t”为单位，应保留小数点后三位数字，第四位小数四舍五入；以“m”“m^2”“m^3”“kg”为单位，应保留小数点后两位数字，第三位小数四舍五入；以“个”“项”等为单位，应取整数。

(4) 工程量清单项目特征应按附录中规定的项目特征，结合拟建工程项目的实际予以描述。若采用标准图集或施工图纸能够全部或部分满足项目特征描述的要求，项目特征描述可直接采用详见××图集或××图号的方式；对不能满足项目特征描述要求的部分，仍应用文字描述。

(5) 正确的工程数量计量是发包人向承包人支付合同价款的前提和依据。工程量计价方式见表 4-30。

工程量计价方式　　表 4-30

单价合同的计量	(1) 工程量必须以承包人完成合同工程应予计量的工程量确定。 (2) 施工中进行工程计量，当发现招标工程量清单中出现缺项、工程量偏差，或因工程变更引起工程量增减时，应按承包人在履行合同义务中完成的工程量计算。 (3) 承包人应当按照合同约定的计量周期和时间向发包人提交当期已完工程量报告。发包人应在收到报告后 7d 内核实，并将核实计量结果通知承包人。发包人未在约定时间内进行核实的，承包人提交的计量报告中所列的工程量应视为承包人实际完成的工程量。 (4) 发包人认为需要进行现场计量核实时，应在计量前 24h 通知承包人，承包人应为计量提供便利条件并派人参加。当双方均同意核实结果时，双方应在上述记录上签字确认。承包人收到通知后不派人参加计量，视为认可发包人的计量核实结果。发包人不按照约定时间通知承包人，致使承包人未能派人参加计量，计量核实结果无效。 (5) 当承包人认为发包人核实后的计量结果有误时，应在收到计量结果通知后的 7d 内向发包人提出书面意见，并应附上其认为正确的计量结果和详细的计算资料。发包人收到书面意见后，应在 7d 内对承包人的计量结果进行复核后通知承包人。承包人对复核计量结果仍有异议的，按照合同约定的争议解决办法处理。

续表

单价合同的计量	(6) 承包人完成已标价工程量清单中每个项目的工程量并经发包人核实无误后，发承包双方应对每个项目的历次计量报表进行汇总，以核实最终结算工程量，并应在汇总表上签字确认
总价合同的计量	(1) 采用工程量清单方式招标形成的总价合同，其工程量应按照规定计算。 (2) 采用经审定批准的施工图纸及其预算方式发包形成的总价合同，除按照工程变更规定的工程量增减外，总价合同各项目的工程量应为承包人用于结算的最终工程量。 (3) 总价合同约定的项目计量应以合同工程经审定批准的施工图纸为依据，发承包双方应在合同中约定工程计量的形象目标或时间节点进行计量。 (4) 承包人应在合同约定的每个计量周期内对已完成的工程进行计量，并向发包人提交达到工程形象目标完成的工程量和有关计量资料的报告。 (5) 发包人应在收到报告后 7d 内对承包人提交的上述资料进行复核，以确定实际完成的工程量和工程形象目标。对其有异议的，应通知承包人进行共同复核
成本加酬金合同的计量	成本加酬金合同的工程量应按单价合同的规定进行计量

问题 2:

【解答】

工程措施项目清单与计价表，见表 4-31、表 4-32。

工程措施项目清单与计价表（一） **表 4-31**

序号	项目名称	计算基础（元）	费率（%）	金额（元）
1	安全文明施工费	1260000	25	315000.00
2	夜间施工费		2	25200.00
3	二次搬运费		1.5	18900.00
4	冬雨期施工费		1	12600.00
5	大型机械进出场及安拆费			26000.00
6	施工排水费			2400.00
7	施工降水费			22000.00
8	垂直运输费			120000.00
9	脚手架费			166000.00
合计				708100.00

注：本表适用于以“项”计价的措施项目。

工程措施项目清单计价表（二） 表 4-32

序号	项目编码	项目名称	项目特征描述	计量单位	工程量	金额（元）	
						综合单价	合价
1	AB001	现浇钢筋混凝土矩形梁模板及支架	矩形梁，支模高度 2.6m	m^2	420	25.60	10752.00
2	AB002	现浇钢筋混凝土有梁板模板及支架	矩形梁，梁截面 250mm×400mm，梁底支模高度 2.6m，板底支模高度 3m	m^2	800	23.20	18560.00
合计							29312.00

注：本表适用于以综合单价计价的措施项目。

细说考点

本案例问题 2 考核的是工程措施项目清单与计价表的编制。编制要点阐述如下：

（1）措施项目清单必须根据相关工程现行国家计量规范的规定编制。

（2）措施项目清单应根据拟建工程的实际情况列项。

（3）措施项目中的安全文明施工费必须按国家或省级、行业建设主管部门的规定计算，不得作为竞争性费用。

（4）计量规范将措施项目划分为两类：一是不能计算工程量的措施项目（如文明施工和安全防护、临时设施等，就以“项”计价，称为“总价项目”），应编制总价措施项目清单与计价表。二是可以计算工程量的项目（如脚手架、降水工程等，就以“量”计价，更有利于措施费的确定和调整，称为“单价项目”），宜采用分部分项工程量清单的方式，列出项目编码、项目名称、项目特征、计量单位和工程量计算规则。

问题 3：

【解答】

编制其他项目清单与计价表，见表 4-33。

其他项目清单与计价表 表 4-33

序号	项目名称	计量单位	金额（元）
1	暂列金额	元	330000.00
2	材料暂估价	元	—
3	计日工	元	20000.00
4	总承包服务费	元	20000.00
合计			370000.00

细说考点

本案例问题 3 考核的是其他项目清单与计价表的编制。编制要点如下：

(1) 其他项目清单是指分部分项工程量清单、措施项目清单所包含的内容以外，因招标人的特殊要求而发生的与拟建工程有关的其他费用项目和相应数量的清单。工程建设标准的高低、工程的复杂程度、工程的工期长短、工程的组成内容、发包人对工程的管理要求等都直接影响其他项目清单的具体内容。其他项目清单中出现未包含在表格中的项目，可根据工程实际情况补充。其他项目清单表格包括其他项目清单与计价汇总表、暂列金额明细表、材料（工程设备）暂估单价及调整表、专业工程暂估价及结算价表、计日工表、总承包服务费计价表以及索赔与现场签证计价汇总表。

(2) 其他项目清单应按照下列内容列项：暂列金额；暂估价，包括材料暂估单价、工程设备暂估单价、专业工程暂估价；计日工；总承包服务费。

① 暂列金额：暂列金额是招标人在工程量清单中暂定并包括在合同价款中的一笔款项，用于工程合同签订时尚未确定或者不可预见的所需材料、工程设备、服务的采购，施工中可能发生的工程变更、合同约定调整因素出现时的合同价款调整以及发生的索赔、现场签证确认等的费用。依据招标人提供的其他项目清单中列出的金额填写，不得变动，一般可按分部分项工程量清单的 10%～15%确定。不同项目分别列项。

② 暂估价：暂估价是招标人在工程量清单中提供的用于支付必然发生但暂时不能确定价格的材料、工程设备的单价以及专业工程的金额。暂估价中的材料、工程设备暂估单价应根据工程造价信息或参照市场价格估算，列出明细表；专业工程暂估价应分不同专业，按有关计价规定估算，列出明细表。

③ 计日工：在施工过程中，承包人完成发包人提出的工程合同范围以外的零星项目或工作，按合同中约定的单价计价的一种方式。计日工应列出项目名称、计量单位和暂估数量。

④ 总承包服务费：总承包服务费是总承包人为配合协调发包人进行的专业工程发包，对发包人自行采购的材料、工程设备等进行保管以及施工现场管理、竣工资料汇总整理等服务所需的费用。总承包服务费应列出服务项目及其内容等。

问题 4：

【解答】

编制规费、增值税项目清单与计价表，见表 4-34。

规费、增值税项目清单与计价表　　**表 4-34**

序号	项目名称	计算基础	费率（%）	金额（元）
1	规费	人工费（或 1260000 元）		378000.00
1.1	社会保障费			302400.00
1.1.1	养老保险费		16	201600.00

续表

序号	项目名称	计算基础	费率（%）	金额（元）
1.1.2	失业保险费	人工费 （或1260000元）	2	25200.00
1.1.3	医疗保险费		6	75600.00
1.2	住房公积金		6	75600.00
2	增值税	分部分项工程费＋措施项目费＋其他项目费＋规费 或7785412.00	9	700687.08
合计				1078687.08

细说考点

本案例问题4考核的是规费、增值税项目清单与计价表编制。编制要点见表4-35。

规费、税金项目清单表的编制要点 **表4-35**

规费项目清单	应按照下列内容列项：社会保险费，包括养老保险费、失业保险费、医疗保险费出现计价规范中未列的项目，应根据省级政府或省级有关部门的规定列项、工伤保险费、生育保险费；住房公积金
税金项目清单	出现计价规中未列的项目，应根据税务部门的规定列项

问题5：

【解答】

`编制单位工程招标控制价汇总表，见表4-36。

单位工程招标控制价汇总表 **表4-36**

序号	项目名称	金额（元）
1	分部分项工程	6300000.00
2	措施项目	737412.00
2.1	措施项目清单（一）	708100.00
2.2	措施项目清单（二）	29312.00
3	其他项目	370000.00
4	规费	378000.00
5	税金（增值税）	700687.08
招标控制价合计		8486099.08

细说考点

本案例问题 5 考核的是单位工程招标控制价汇总表的编制。招标控制价相关要点见表 4-37。

招标控制价相关要点　　表 4-37

概念	《建设工程工程量清单计价规范》GB 50500—2013 规定，招标人根据国家或省级、行业建设主管部门颁发的有关计价依据和办法，以及拟定的招标文件和招标工程量清单，结合工程具体情况编制的招标工程的最高投标限价
一般规定	《建设工程工程量清单计价规范》GB 50500—2013 规定： 5.1.1　国有资金投资的建设工程招标，招标人必须编制招标控制价。 5.1.2　招标控制价应由具有编制能力的招标人或受其委托具有相应资质的工程造价咨询人编制和复核。 5.1.3　工程造价咨询人接受招标人委托编制招标控制价，不得再就同一工程接受投标人委托编制投标报价。 5.1.4　招标控制价应按照本规范第 5.2.1 条的规定编制，不应上调或下浮。 5.1.5　当招标控制价超过批准的概算时，招标人应将其报原概算审批部门审核。 5.1.6　招标人应在发布招标文件时公布招标控制价，同时应将招标控制价及有关资料报送工程所在地或有该工程管辖权的行业管理部门工程造价管理机构备查
编制与复核	《建设工程工程量清单计价规范》GB 50500—2013 规定： 5.2.1　招标控制价应根据下列依据编制与复核：(1)《建设工程工程量清单计价规范》GB 50500—2013。(2) 国家或省级、行业建设主管部门颁发的计价定额和计价办法。(3) 建设工程设计文件及相关资料。(4) 拟定的招标文件及招标工程量清单。(5) 与建设项目相关的标准、规范、技术资料。(6) 施工现场情况、工程特点及常规施工方案。(7) 工程造价管理机构发布的工程造价信息，当工程造价信息没有发布时，参照市场价。(8) 其他的相关资料。 5.2.2　综合单价中应包括招标文件中划分的应由投标人承担的风险范围及其费用。招标文件中没有明确的，如是工程造价咨询人编制，应提请招标人明确；如是招标人编制，应予明确。 5.2.3　分部分项工程和措施项目中的单价项目，应根据拟定的招标文件和招标工程量清单项目中的特征描述及有关要求确定综合单价计算 5.2.4　措施项目中的总价项目应根据拟定的招标文件和常规施工方案按本规范第 3.1.4 条和 3.1.5 条的规定计价。 5.2.5　其他项目应按下列规定计价：(1) 暂列金额应按招标工程量清单中列出的金额填写。(2) 暂估价中的材料、工程设备单价应按招标工程量清单中列出的单价计入综合单价。(3) 暂估价中的专业工程金额应按招标工程量清单中列出的金额填写。(4) 计日工应按招标工程量清单中列出的项目根据工程特点和有关计价依据确定综合单价计算。(5) 总承包服务费应根据招标工程量清单列出的内容和要求估算。 5.2.6　规费和税金应按本规范第 3.1.6 条的规定计算

考点4　预算定额的编制

【例题】

背景资料：

某项毛石护坡砌筑工程，定额测定资料如下：

（1）完成 $1m^3$ 毛石护坡的基本工作时间为6.6h；

（2）辅助工作时间、准备与结束时间、不可避免中断时间和休息时间分别占毛石砌体工作延续时间的3%、2%、2%和16%。普工、一般技工、高级技工的工日消耗比例测定为2∶7∶1。

（3）每 $10m^3$ 毛石砌体需要M5水泥砂浆 $3.93m^3$，毛石11.22m，水 $0.79m^3$。

（4）每 $10m^3$ 毛石砌体需要200L砂浆搅拌机0.66台班。

（5）该地区有关资源的现行价格如下：

人工工日单价为：普工60元/工日、一般技工80元/工日、高级技工110元/工日；M5水泥砂浆单价为：120元/m^3；毛石单价为58元/m^3；水单价为4元/m^3；200L砂浆搅拌机台班单价为88.50元/台班。

问题：

1. 确定砌筑 $1m^3$ 毛石护坡的人工时间定额和人工产量定额；

2. 若预算定额的其他用工占基本用工的12%，试编制该分项工程的预算定额单价。

3. 若毛石护坡砌筑砂浆设计变更为M10水泥砂浆，该砂浆现行单价140元/m^3，定额消耗量不变，应如何换算毛石护坡的定额单价？换算后的新单价是多少？

（计算结果均保留两位小数）

【解答与细说考点】

问题1：

【解答】

确定砌筑 $1m^3$ 毛石护坡的人工时间定额和人工产量定额：

（1）人工时间定额的确定：

假定砌筑 $1m^3$ 毛石护坡的定额时间为 X，则

$X=6.6+(3\%+2\%+2\%+16\%)X$

解得：$X=\dfrac{6.6}{1-23\%}\approx8.57$（工时）

每工日按8工时计算，则

砌筑毛石护坡的人工时间定额 $=\dfrac{X}{8}=\dfrac{8.57}{8}=1.07$（工日/$m^3$）

（2）砌筑毛石护坡的人工产量定额 $=\dfrac{1}{1.07}=0.93$（工日/m^3）

细说考点

本案例问题 1 考核的是施工劳动定额的计算。相关要点阐述如下（表 4-38）：

施工劳动定额的相关要点　　表 4-38

<table>
<tr><td colspan="2">时间定额</td><td>工作延续时间（定额时间）＝作业时间＋规范时间
工序作业时间＝基本工作时间＋辅助工作时间
规范时间＝准备与结束工作时间＋不可避免的中断时间＋必要休息时间
工作延续时间（定额时间）＝作业时间（基本工作时间＋辅助工作时间）＋规范时间（准备与结束工作时间＋不可避免的中断时间＋必要休息时间）
工序作业时间＝基本工作时间＋辅助工作时间＝基本工作时间/（1－辅助时间%）
$定额时间=\frac{工序作业时间}{1-规范时间（\%）}$＝（基本工作时间＋辅助工作时间）/（1－规范时间占定额时间百分比），时间定额＝定额时间/8
时间定额×产量定额＝1
$单位产品时间定额（工日）=\frac{1}{每工日产量}=\frac{小组成员工日数总和}{小组台班产量}$</td></tr>
<tr><td colspan="2">机械台班定额</td><td>$机械一次循环的正常延续时间=\sum\left(\begin{array}{c}循环各组成部分\\正常延续时间\end{array}\right)-交叠时间$
$机械纯工作1h循环次数=\frac{60\times60（s）}{一次循环的正常延续时间}$
$机械纯工作1h正常生产率=\begin{array}{c}机械纯工作1h\\正常循环次数\end{array}\times\begin{array}{c}一次循环生产\\的产品数量\end{array}$
$连续动作机械纯工作1h正常生产率=\frac{工作时间内生产的产品数量}{工作时间（h）}$
$机械正常利用系数=\frac{机械在一个工作班内纯工作时间}{一个工作班延续时间（8h）}$
$施工机械台班产量定额=\begin{array}{c}机械纯工作\\1h正常生产率\end{array}\times\begin{array}{c}工作班纯\\工作时间\end{array}$
或 $\begin{array}{c}施工机械台班\\产量定额\end{array}=\begin{array}{c}机械纯工作\\1h正常生产率\end{array}\times\begin{array}{c}工作班\\延续时间\end{array}\times\begin{array}{c}机械正常\\利用系数\end{array}$
$施工机械时间定额=\frac{1}{机械台班产量定额指标}$</td></tr>
<tr><td rowspan="2">材料消耗定额</td><td>一般计算</td><td>材料损耗率＝损耗量/净用量×100%
材料损耗量＝材料净用量×损耗率
材料消耗量＝材料净用量＋材料损耗量＝材料净用量×（1＋损耗率）
对于周转材料：一次使用量＝材料净用量×（1＋损耗率）</td></tr>
<tr><td>周转材料</td><td>一次使用量＝材料净用量×（1－损耗率）
材料摊销量＝一次使用量×摊销系数
摊销系数＝周转使用系数－［（1－损耗率）×回收价值率］/周转次数×100%
周转使用系数＝［（周转次数－1）×损耗率］/周转次数×100%
回收价值率＝［一次使用量×（1－损耗率）］/周转次数×100%</td></tr>
</table>

注意：确定材料定额消耗量的基本方法有：现场技术测定、实验室试验、现场统计和理论计算等方法。

问题 2：

【解答】

（1）预算定额的人工消耗指标＝1.07×（1＋12%）×10＝11.98（工日/$10m^3$）

（2）预算人工费＝11.98×（0.2×60＋0.7×80＋0.1×110）＝946.42（元/$10m^3$）

（3）根据背景资料，计算材料费和施工机具使用费：

①预算材料费＝3.93×120＋11.22×58＋0.79×4＝1125.52（元/$10m^3$）

②施工机具使用费＝0.66×88.50＝58.41（元/$10m^3$）

（4）该分项工程预算定额单价＝946.42＋1125.52＋58.41＝2130.35（元/$10m^3$）

细说考点

本案例问题 2 考核的是预算定额的计算。预算定额单价只包括人工费、材料费和施工机具使用费，因此也称工料单价。分项工程预算定额基价＝人工费＋材料费＋机具使用费。预算定额的相关要点如图 4-5 所示。

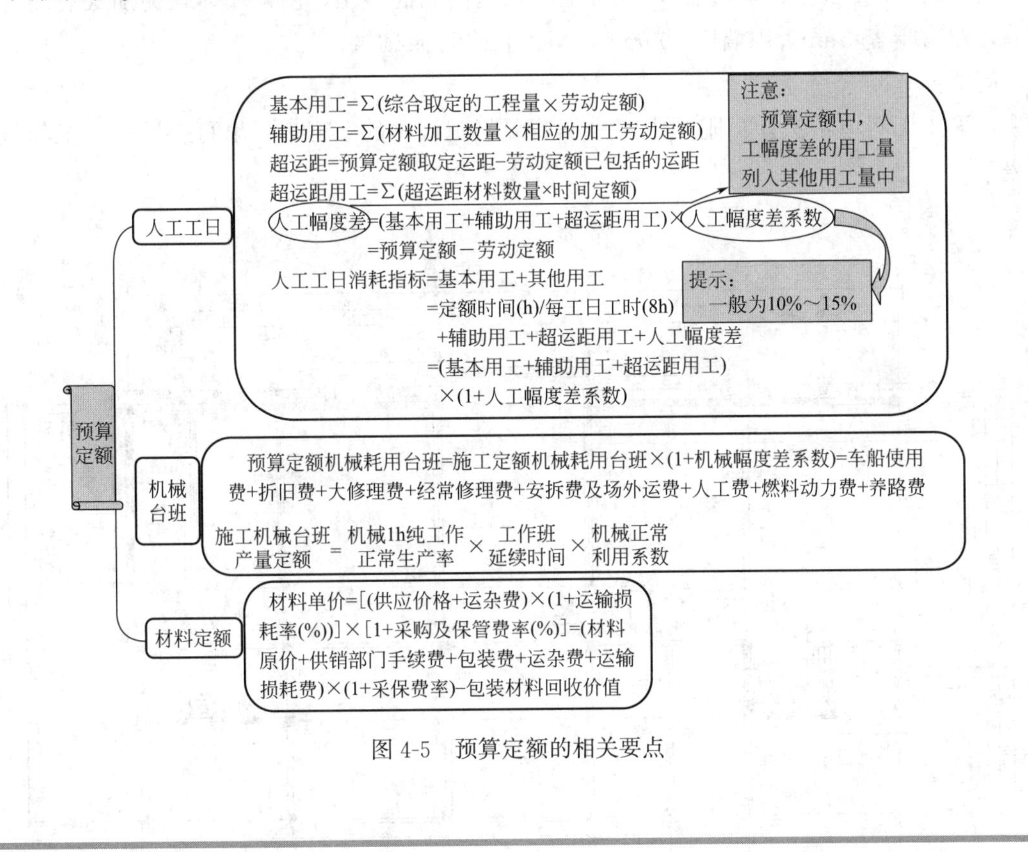

图 4-5　预算定额的相关要点

问题 3：

【解答】

毛石护坡砌筑砂浆设计变更为 M10 水泥砂浆后，换算定额单价的计算公式为：

M10 水泥砂浆砌筑毛石护坡单价＝M5 毛石护坡单价＋砂浆定额消耗量×（M10 水泥砂浆单价－M5 水泥砂浆单价）＝2130.35＋3.93×（140－120）＝2208.95（元/$10m^3$）

细说考点

本案例问题 3 考核的是定额单价的计算。换算毛石护坡的定额单价方法：从原定额单价中减去 M5 水泥砂浆的费用，加上 M10 水泥砂浆的费用，这样就得到了换算后的新的工料单价，公式为：M10 水泥砂浆砌筑毛石护坡单价＝M5 毛石护坡单价＋砂浆定额消耗量×（M10 水泥砂浆单价－M5 水泥砂浆单价）。

考点 5　施工图预算的编制

【例题】

背景资料：

图 4-6～图 4-9 为某办公楼（非房地产工程），开工时间为 2017 年 3 月，框架结构，三层，局部四层（1 号楼梯间四层），混凝土为泵送商品混凝土，内外墙体均为加气混凝土砌块墙，外墙厚 250mm，内墙厚 200mm，M10 混合砂浆砌筑。

问题：

1. 采用工料单价法计算附图中 1 号钢筋混凝土楼梯的工程量，填写表 4-39“工程量计算表”。

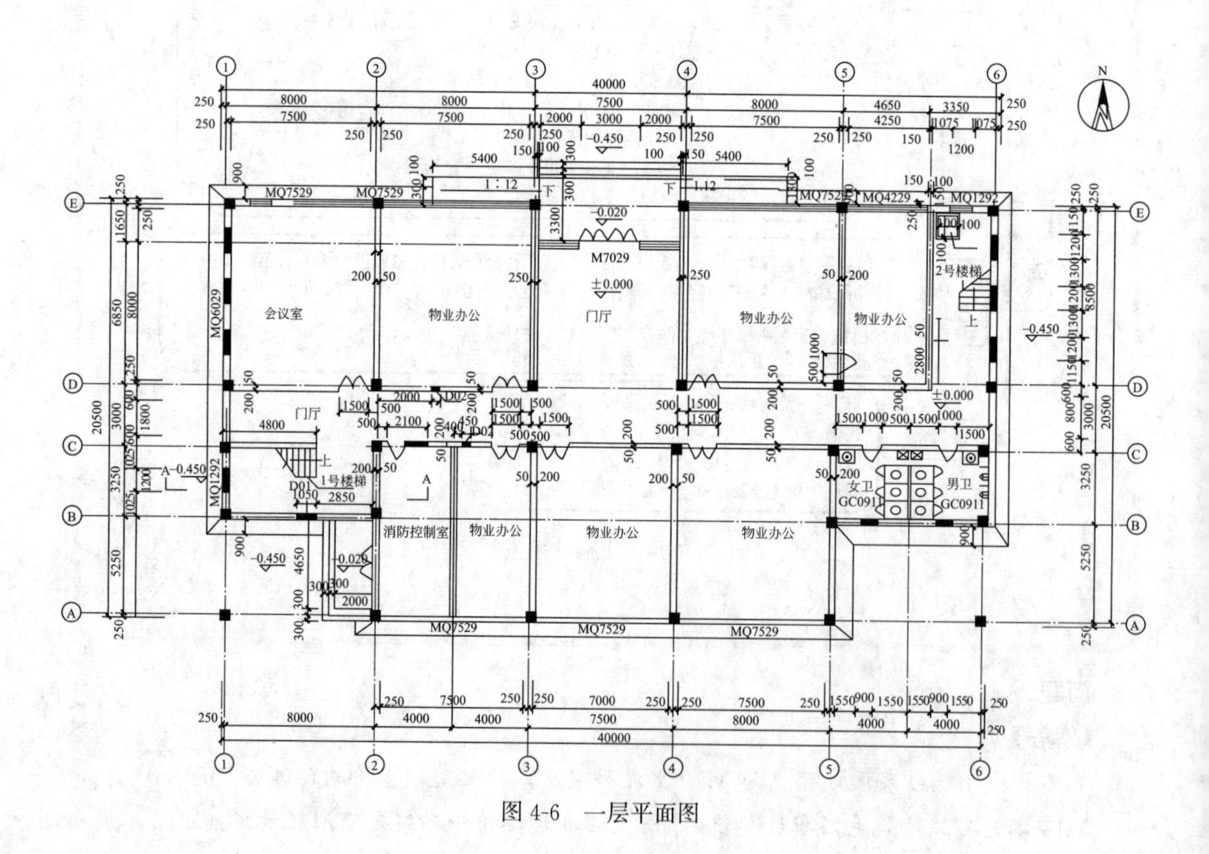

图 4-6　一层平面图

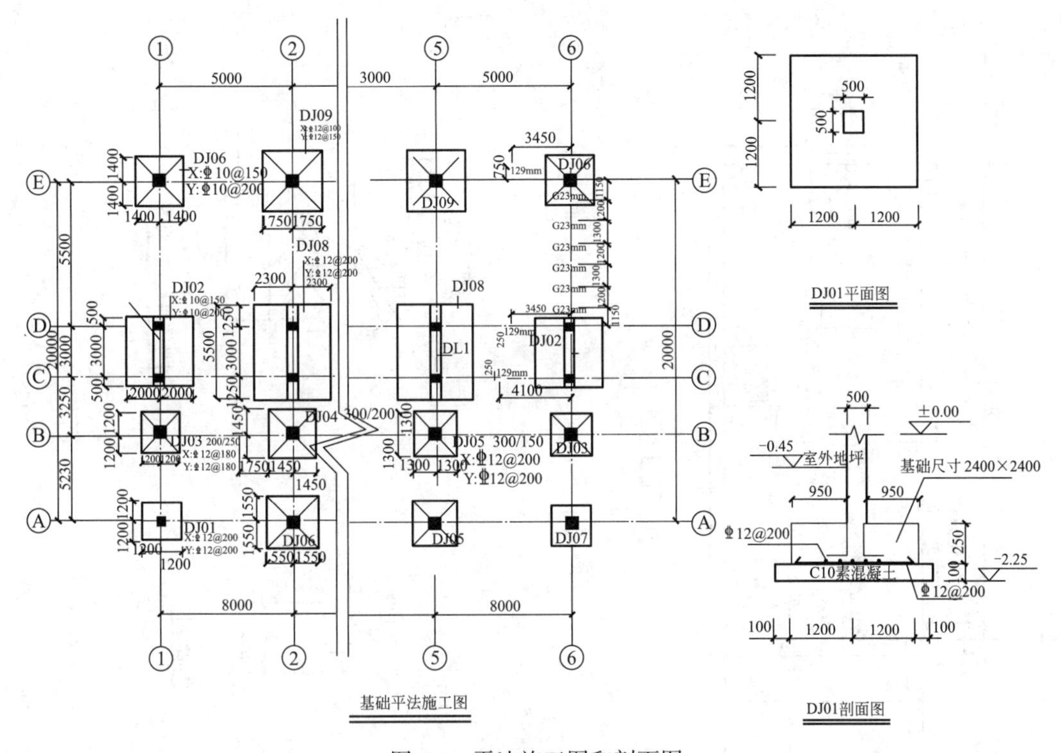

图 4-7　平法施工图和剖面图

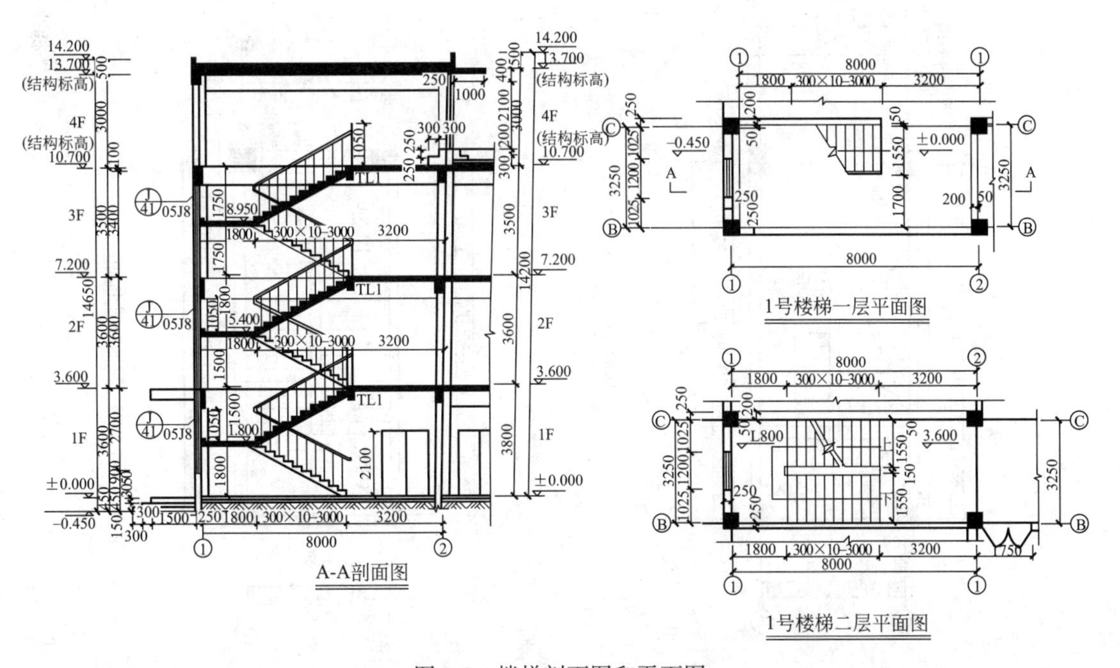

图 4-8　楼梯剖面图和平面图

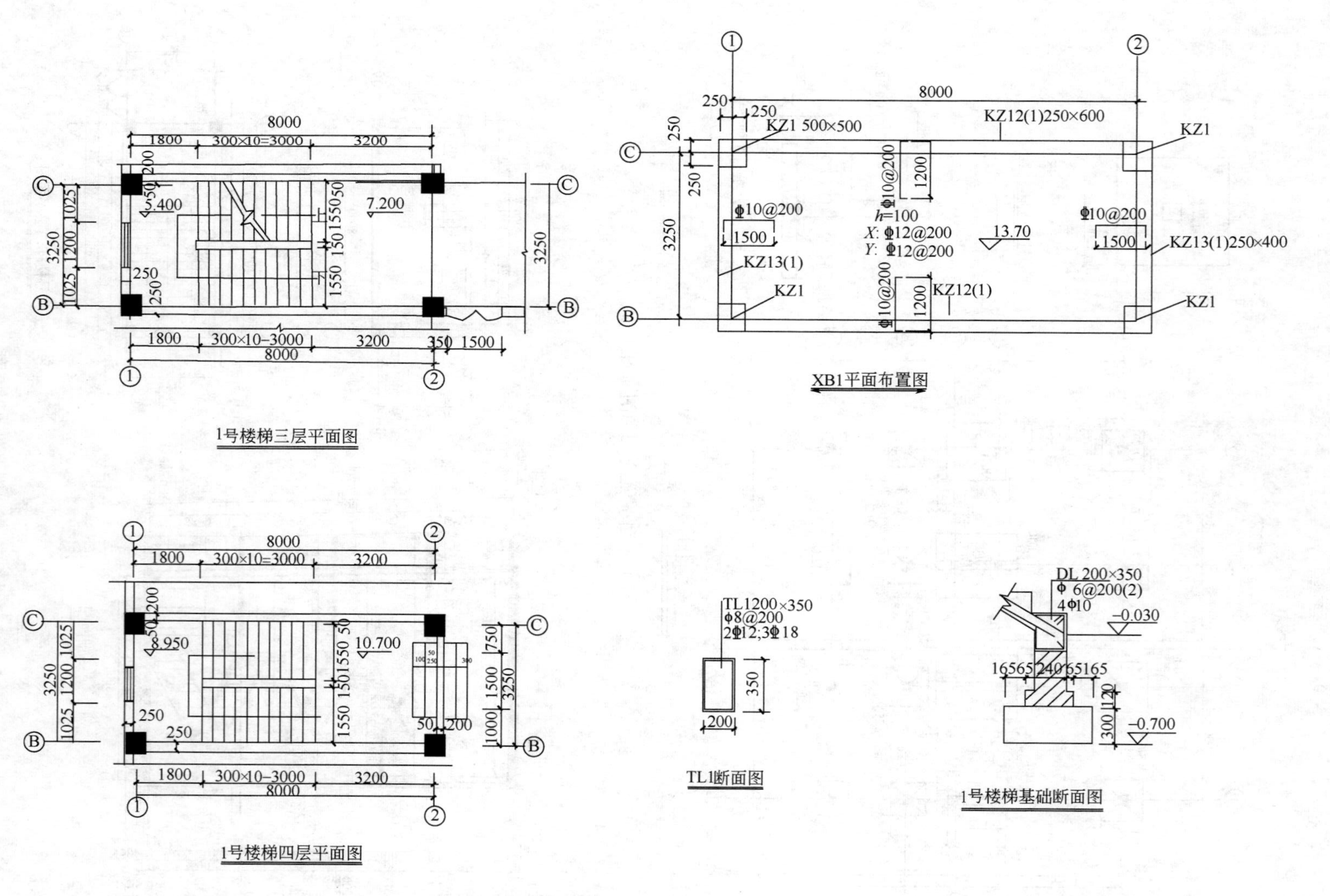

图 4-9　楼梯平面图和断面图

工程量计算表 **表 4-39**

项目名称	计算过程	单位	结果

2. 已知条件：

（1）现浇板（XB1）混凝土为 C25；

（2）板保护层厚度为 15mm；

（3）通长钢筋搭接长度为 $25d$；

（4）下部钢筋锚固长度为 150mm；

（5）不考虑钢筋理论重量与实际重量的偏差。

根据附图及已知条件，采用工料单价法完成以下计算并填写表 4-40“工程量计算表”：

（1）XB1 钢筋工程量。

（2）XB1 混凝土工程量。

（3）XB1 模板工程量。

工程量计算表 **表 4-40**

序号	项目名称	计算过程	单位	结果
一、钢筋工程				
二、混凝土工程				
三、模板工程				

3. 已知条件：

（1）该工程 DJ01 独立基础土石方采用人工开挖，三类土；设计室外地坪为自然地坪；挖出的土方用自卸汽车（载重 8t）运至距离 500m 处存放，灰土在土方堆放处拌和；基础施工完成后，用 2∶8 灰土回填；

（2）合同中没有人工工资调整的约定，也不考虑综合用工和材料的调整；

（3）造价计算不考虑（机械台班等相关内容）。

（4）假定 DJ01 基础挖土方（三类土）人工费单价为 1620.09 元/100m^3；自卸汽车（载重 8t）运至距离 500m 处的施工机械使用费单价为 7901.43 元/1000m^3；2∶8 灰土回填人工费单价为 2434.60 元/100m^3，施工机械使用费单价为 5184.49 元/100m^3。

根据附图及已知条件，采用工料单价法完成以下计算：

（1）DJ01 独立基础的挖土方、回填 2∶8 灰土、运输工程量，填写表 4-41“工程量计算表”。

（2）DJ01 独立基础挖土方及运输的工程造价（措施项目中只计算安全生产、文明施工费），填写表 4-42“挖土方工程量计算及运输的工程造价表”。

工程量计算表 表 4-41

项目名称	计算过程	单位	结果

挖土方工程量计算及运输的工程造价表 表 4-42

序号	定额编号	项目名称	单位	数量	单位（元）			合价（元）		
					小计	人工费	机械费	合计	人工费	机械费
1	A1-4	DJ01 基础挖土方（三类土）	$100m^3$				—			—
2	A1-163	自卸汽车（载重8t）外运土方 500m	$1000m^3$			—			—	
3		小计								
4		直接费								
5		其中：人工费＋机械费								
6		安全生产、文明施工费		3.55%					—	—
7		合计								
8		其中：人工费＋机械费								
9		企业管理费		17%						
10		利润		10%						
11		规费		25%						
12		合计								
13		税金		9%						

（3）DJ01 独立基础挖土方、回填 2∶8 灰土、运输的工程造价（不计算措施费），填写表 4-43“挖土方、回填灰土工程量计算及运输的工程造价表”。

挖土方、回填灰土工程量计算及运输的工程造价表 表 4-43

序号	定额编号	项目名称	单位	数量	单位（元）			合价（元）		
					小计	人工费	机械费	合计	人工费	机械费
1		基础挖土方（三类土）	$100m^3$				—			—
2		2∶8 灰土回填	$100m^3$							
3		自卸汽车（载重8t）外运土方 500m	$1000m^3$			—			—	
4		小计								
5		直接费								

续表

序号	定额编号	项目名称	单位	数量	单位（元）			合价（元）		
					小计	人工费	机械费	合计	人工费	机械费
6		其中：人工费＋机械费								
7		企业管理费		17%						
8		利润		10%						
9		规费		25%						
10		合计								
11		税金		9%						
12		工程造价								

4.根据第3题条件编制DJ01独立基础挖土方、回填2∶8灰土的工程量清单，填列表4-44“工程量计算表”和表4-45“分部分项工程量清单与计价表”。

挖土方、回填工程量计算表　　　表4-44

序号	项目名称	计算过程	单位	结果

分部分项工程量清单与计价表　　　表4-45

序号	项目编码	项目名称	项目特征	计量单位	工程数量	金额（元）	
						综合单位	合价
1						—	—
2						—	—
—	—	本页小计	—	—	—	—	—
—	—	合计	—	—	—	—	—

【解答与细说考点】

问题1：

【解答】

填写工程量计算表，见表4-46。

工程量计算表　　　表4-46

项目名称	计算过程	单位	结果
1号楼梯工程量			
(1) 一层	(4.8＋0.2) ×3.3－0.2×1.6－0.25×0.3－0.25×0.25	m^2	16.04
(2) 二层	3.3× (4.8＋0.2) －0.25×0.3－0.25×0.25	m^2	16.36
(3) 三层	3.3× (4.8＋0.2) －0.25×0.3－0.25×0.25	m^2	16.36
合计		m^2	48.76

细说考点

施工图预算编制方法见表 4-47。

施工图预算编制方法 **表 4-47**

定额单价法（又称工料单价法或预算单价法）	指的是分部分项工程及措施项目的单价为工料单价，将子项工程量乘以地区统一单位估价表中的各子目工料单价（定额基价），并汇总直接费，再根据规定的计算方法计取企业管理费、利润、规费和税金，将上述费用加总，得到该单位工程的施工图预算造价。 建筑安装工程预算造价＝（$\sum$分项工程量×分项工程工料单价）＋企业管理费＋利润＋规费＋税金
全费用综合单价法	采用全费用综合单价（完全综合单价），首先依据相应工程量计算规则计算工程量，并依据相应的计价依据确定综合单价，然后用工程量乘以综合单价，汇总即可得出分部分项工程费（以及措施项目费），最后再按相应的办法计算其他项目费，汇总后形成相应工程造价
工程量清单单价法	清单综合单价属于非完全综合单价，主要适用于工程量清单计价，我国的工程量清单计价的综合单价为非完全综合单价，包括人工费、材料费、工程设备费、施工机械使用费、管理费、利润和风险费等。把规费和税金计入非完全综合单价（清单综合单价）后即形成完全综合单价
实物量法	根据施工图计算的各分项工程量分别乘以地区定额中人工、材料、施工机械台班的定额消耗量，分类汇总得出该单位工程所需的全部人工、材料、施工机械台班消耗数量，然后再乘以当时当地人工工日单价、各种材料单价、施工机械台班单价，求出相应的人工费、材料费、施工机具使用费，企业管理费、利润、规费及税金等费用计取方法与预算单价法相同。 单位工程人、材、机费＝综合工日消耗量×综合工日单价＋$\sum$（各种材料消耗量×相应材料单价）＋$\sum$（各种机械消耗量×相应机械台班单价） 建筑安装工程预算造价＝单位工程人、材、机费＋企业管理费＋利润＋规费＋税金

问题 2：

【解答】

工程量计算表，见表 4-48。

工程量计算表 **表 4-48**

序号	项目名称	计算过程	单位	结果
一、钢筋工程				
1	XB1 下部钢筋			
	（1）X 方向 3 级直径 12	单根直径：l_1＝8＋0.15×2＋25×0.012	m	8.6
		根数：n_1＝（3.25－0.05×2）÷0.2＋1	根	17

续表

序号	项目名称	计算过程	单位	结果
		总长：8.6×17	m	146.2
		重量：146.2×0.888	kg	129.83
	(2) Y方向3级直径12	单根直径：l_2=3.25+0.15×2	m	3.55
		根数：n_2=（8−0.05×2）÷0.2+1	根	41
		总长：3.55×41	m	145.55
		重量：145.55×0.888	kg	129.25
	(3) 小计	(129.83+129.25）×1.03	t	0.267
2	XB1负筋 (1) X方向3级直径10	单根直径：l_3=1.5+27×0.01	m	1.77
		根数：n_3=［（3.25+0.05×2）÷0.2+1］×2	根	36
		总长：1.77×36	m	63.72
		重量：63.72×0.617	kg	39.32
	(2) Y方向3级直径10	单根直径：l_4=1.2+27×0.01	m	1.47
		根数：n_4=［（8−0.05×2）÷0.2+1］×2	根	82
		总长：1.47×82	m	120.54
		重量：120.54×0.617	kg	74.37
	(3) 小计	(39.32+74.37）×1.03	t	0.117
二、混凝土工程				
1	XB1板混凝土工程量	(8×3.25−0.25×0.25×4）×0.1	m^3	2.58
三、模板工程				
1	XB1模板工程量	8×3.25−0.25×0.25×4+（3.25−0.25×2）×0.1×2+（8−0.25×2）×0.1×2	m^2	27.8

细说考点

本案例问题2考核的是工程量计算表的编制。根据相关规定及背景资料中提供的数据信息进行计算与编制。考生要注意数值计算的正确性。

问题3：

【解答】

(1) 工程量计算表，见表4-49。

工程量计算表 表 4-49

项目名称	计算过程	单位	结果
DJ01 挖土方	1800 KH c 2600 c KH $V=H(a+2c+KH)(b+2c+KH)+\frac{1}{3}K^2H^3$ 或 $V=\frac{1}{3}H(S_1+S_2+\sqrt{S_1S_2})$ V—挖土体积；H—挖土深度；K—放坡系数； a—垫层底宽；b—垫层底长；c—工作面； $\frac{1}{3}K^2H^3$—基坑四角的角锥体积； S_1—上底面积；S_2—下底面积 $H=2.25-0.45$	m	1.8
	$V=1.8\times(2.6+2\times0.3+0.33\times1.8)\times(2.6+2\times0.3+0.33\times1.8)+1/3\times0.33^2\times1.8^3$	m^3	26.11
	扣垫层：$2.6\times2.6\times0.1$	m^3	0.68
	扣独立基础：$2.4\times2.4\times0.25$	m^3	1.44
	扣柱：$0.5\times0.5\times(1.8-0.1-0.25)$	m^3	0.36
	小计：$0.68+1.44+0.36$	m^3	2.48
2∶8 回填土	回填 2∶8 灰土：$26.11-2.48$	m^3	23.63
运输工程量	土方外运	m^3	26.11
	灰土回运	m^3	23.63

（2）填写挖土方工程量计算及运输的工程造价表见表 4-50。

挖土方工程量计算及运输的工程造价表 表 4-50

序号	定额编号	项目名称	单位	数量	单位（元）			合价（元）		
					小计	人工费	机械费	合计	人工费	机械费
1	A1-4	DJ01 基础挖土方（三类土）	$100m^3$	0.26	1620.09	1620.09	—	421.22	421.22	—
2	A1-163	自卸汽车（载重 8t）外运土方 500m	$1000m^3$	0.03	7901.43	—	7901.43	237.04	—	237.04
3		小计						658.26	421.22	237.04
4		直接费						658.26		

续表

序号	定额编号	项目名称	单位	数量	单位（元）			合价（元）		
					小计	人工费	机械费	合计	人工费	机械费
5		其中：人工费＋机械费						658.26		
6		安全生产、文明施工费		3.55％				23.37	—	—
7		合计						681.63		
8		其中：人工费＋机械费						658.26		
9		企业管理费		17％				111.90		
10		利润		10％				65.83		
11		规费		25％				164.57		
12		合计						1023.93		
13		税金		9％				92.15		
14		工程造价						1116.08		

（3）填写挖土方、回填灰土工程量计算及运输的工程造价表，见表4-51。

挖土方、回填灰土工程量计算及运输的工程造价表　　表4-51

序号	定额编号	项目名称	单位	数量	单位（元）			合价（元）		
					小计	人工费	机械费	合计	人工费	机械费
1	A1-4	基础挖土方（三类土）	$100m^3$	0.26	1620.09	1620.09	—	421.22	421.22	—
2	A1-42	2∶8灰土回填	$100m^3$	0.24	7619.09	2434.60	5184.49	1828.58	584.30	1244.28
3	A1-163	自卸汽车（载重8t）外运土方500m	$1000m^3$	0.03	7901.43	—	7901.43	237.04	—	237.04
4		小计						2486.84	1005.52	1481.32
5		直接费						2486.84		
6		其中：人工费＋机械费						2486.84		
7		企业管理费		17％				422.76		
8		利润		10％				248.68		
9		规费		25％				621.71		
10		合计						3779.99		
11		税金		9％				340.11		
12		工程造价						4120.10		

细说考点

本案例问题3考核的是工程量计算表及工程造价表的编制。根据相关规定及背景资料中提供的数据信息进行计算与编制。考生要注意前面问题计算的工程量数值，这里不要填写错误。

问题4:

【解答】

(1) 工程量计算表，见表4-52。

工程量计算表 **表4-52**

序号	项目名称	计算过程	单位	结果
1	基础挖土方	2.6×2.6×1.8	m^3	12.17
2	2∶8灰土回填	12.17−2.48	m^3	9.69

(2) 分部分项工程量清单与计价表，见表4-53。

分部分项工程量清单与计价表 **表4-53**

序号	项目编码	项目名称	项目特征	计量单位	工程数量	金额（元）	
						综合单价	合价
1	010101002001	挖基础土方	1.三类土 2.钢筋混凝土独立基础 3.C10混凝土垫层，底面积：6.76m^2 4.挖土深度：1.8m 5.弃土运距：500m	m^3	12.17	—	—
2	010103001001	2∶8灰土基础回填	1.2∶8灰土 2.夯实 3.运距：500m	m^3	9.69	—	—
—	—	本页小计	—	—	—	—	—
—	—	合计	—	—	—	—	—

细说考点

本案例问题4考核的是工程量计算表、分部分项工程量清单与计价表的编制。考生要注意工程量清单特征应结合工程项目的实际情况进行描述。

考点6 土建工程最高投标限价的编制

【例题】

背景资料:

某城市生活垃圾焚烧发电厂钢筋混凝土多管式（钢内筒）80m高烟囱基础，如图4-10、

图 4-11 所示。已建成类似工程钢筋用量参考指标见表 4-54。

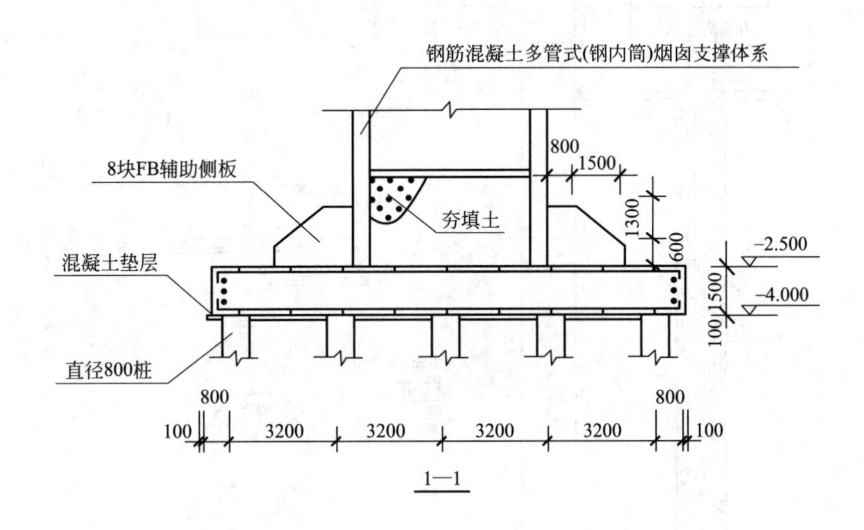

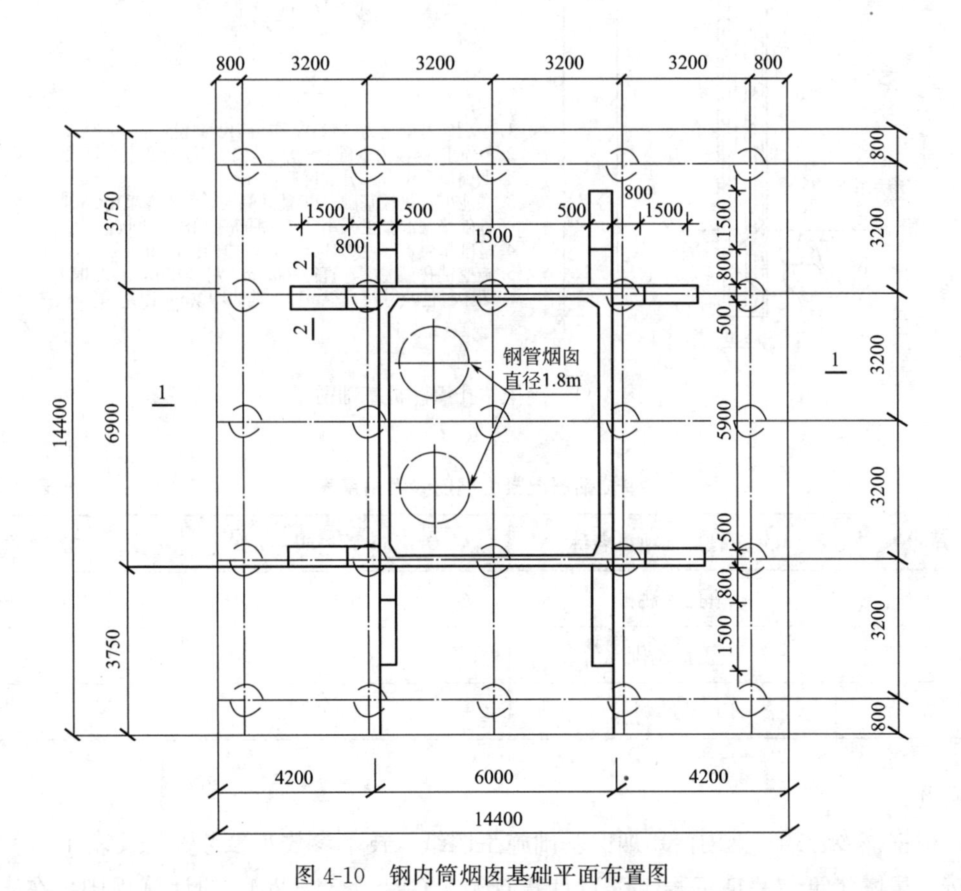

图 4-10　钢内筒烟囱基础平面布置图

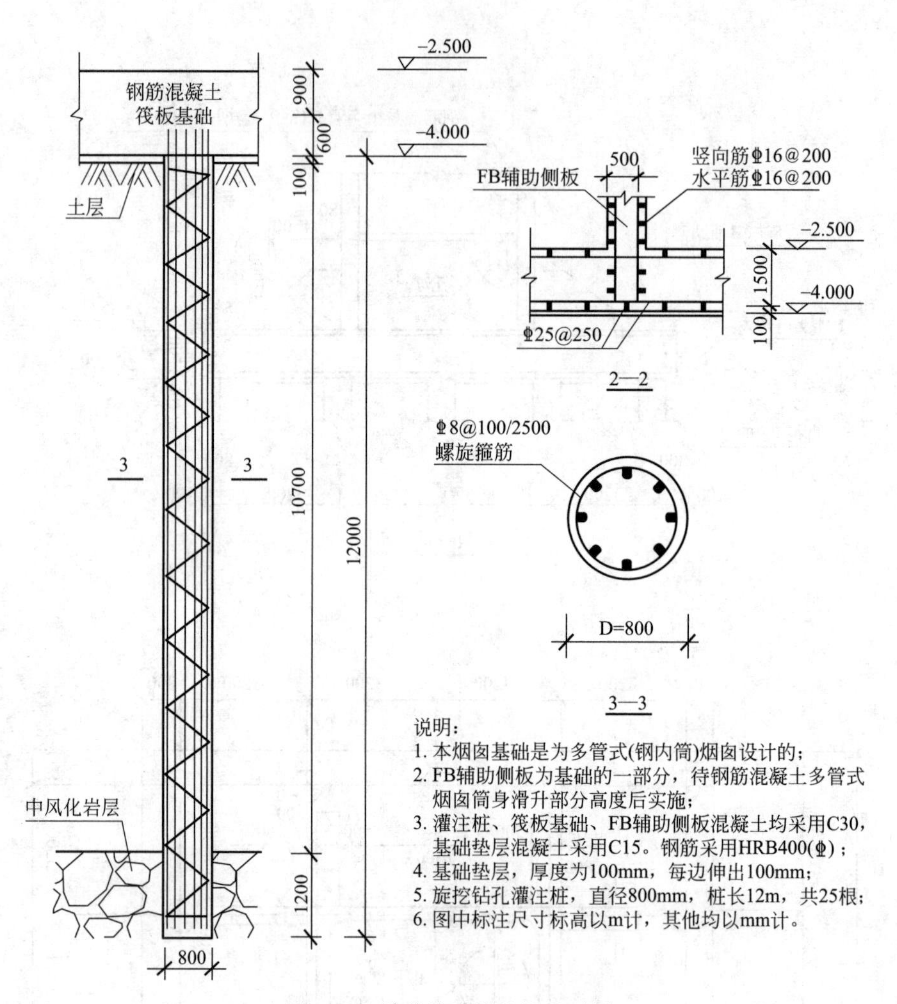

图 4-11　旋挖钻孔灌注桩基础图

单位钢筋混凝土钢筋参考用量表　　**表 4-54**

序号	钢筋混凝土项目名称	参考钢筋含量（kg/m³）	备注
1	钻孔灌注桩	49.28	
2	筏板基础	63.50	
3	FB辅助侧板	82.66	

问题：

1. 根据该多管式（钢内筒）烟囱基础施工图纸、技术参数及参考资料及表 4-54 中的信息，按《房屋建筑与装饰工程工程量计算规范》GB 50854—2013 的计算规则，在表 4-55 “工程量计算表”中，列式计算该烟囱基础分部分项工程量（筏板上 8 块 FB 辅助侧板的斜面在混凝土浇捣时必须安装模板）。

工程量计算表 **表 4-55**

序号	项目名称	单位	计算过程	工程量
1	C30 混凝土旋挖钻孔灌注桩	m^3		
2	C15 混凝土筏板基础垫层	m^3		
3	C30 混凝土筏板基础	m^3		
4	C30 混凝土 FB 辅助侧板	m^3		
5	灌注桩钢筋笼	t		
6	筏板基础钢筋	t		
7	FB 辅助侧板钢筋	t		
8	混凝土垫层模板	m^2		
9	筏板基础模板	m^2		
10	FB 辅助侧板钢筋	m^2		

2. 根据问题 1 的计算结果及表 4-56 中的信息，按照《建设工程工程量清单计价表规范》GB 50500—2013 的要求，编制该烟囱钢筋混凝土基础分部分项工程和单价措施项目清单与计价表。

分部分项工程和单价措施项目清单与计价表 **表 4-56**

序号	项目名称	项目特征	计量单位	工程量	金额（元）	
					综合单位	合价
1	C30 混凝土旋挖钻孔灌注桩	C30，成孔、混凝土浇筑	m^3		1120.00	
2	C15 混凝土筏板基础垫层	C15，混凝土浇筑	m^3		490.00	
3	C30 混凝土筏板基础	C30，混凝土浇筑	m^3		680.00	
4	C30 混凝土 FB 辅助侧板	C30，混凝土浇筑	m^3		695.00	
5	灌注桩钢筋笼	HRB400	t		5800.00	
6	筏板基础钢筋	HRB400	t		5750.00	
7	FB 辅助侧板钢筋	HRB400	t		5750.00	
	小计					
8	混凝土垫层模板	垫层模板	m^2		28.00	
9	筏板基础模板	筏板模板	m^2		49.00	
10	FB 辅助侧板模板	FB 辅助侧板模板	m^2		44.00	
11	基础满堂脚手架	钢管	t	256.00	73.00	
12	大型机械进出场及安拆		台次	1.00	28000.00	
	小计					
	分部分项工程及单价措施项目合计					

3. 假定该整体烟囱分部分项工程费为2000000.00元，单价措施项目费为150000.00元，总价措施项目仅考虑安全文明施工费（按分部分项工程费的3.5%计取）；其他项目考虑基础基坑开挖的土方、护坡、降水专业工程暂估价为110000.00元（另计5%总承包服务费）；人工费占比分别为分部分项工程费的8%、措施项目费的15%；规费按照人工费的21%计取，增值税税率按9%计取。按《建设工程工程量清单计价规范》GB 50500—2013的要求，列式计算安全文明施工费、措施项目费、人工费、总承包服务费、规费、增值税，并在表4-57"单位工程最高投标限价汇总表"中编制该钢筋混凝土多管式（钢内筒）烟囱单位工程最高投标限价。

单位工程最高投标限价汇总表 **表4-57**

序号	汇总内容	金额（元）	其中暂估价（元）
1	分部分项工程费		
2	措施项目费		
2.1	其中：安全文明措施费		
3	其他项目费		
3.1	其中：专业工程暂估价		
3.2	其中：总承包服务费		
4	规费（人工费21%）		
5	增值税9%		
最高总价合计=1+2+3+4+5			

（上述问题中提及的各项费用均不包含增值税可抵扣进项税额，所有计算结果均保留两位小数）

【解答与细说考点】

问题1：

【解答】

该烟囱基础分部分项工程量结果见表4-58。

工程量计算表 **表4-58**

序号	项目名称	单位	计算过程	工程量
1	C30混凝土旋挖钻孔灌注桩	m^3	$3.14\times(0.8/2)^2\times12\times25=150.72$	150.72
2	C15混凝土筏板基础垫层	m^3	$(14.4+0.1\times2)\times(14.4+0.1\times2)\times0.1=21.32$	21.32
3	C30混凝土筏板基础	m^3	$14.4\times14.4\times(4-2.5)=311.04$	311.04
4	C30混凝土FB辅助侧板	m^3	$[(0.6+0.6+1.3)\times1.5/2+(0.6+1.3)\times0.8]\times0.5\times8=13.58$ 或 $[(0.8+1.5)\times(0.6+1.3)-0.5\times1.5\times1.3]\times0.5\times8$	13.58

续表

序号	项目名称	单位	计算过程	工程量
5	灌注桩钢筋笼	t	150.72×49.28/1000=7.43	7.43
6	筏板基础钢筋	t	311.04×63.50/1000=19.75	19.75
7	FB辅助侧板钢筋	t	13.58×82.66/1000=1.12	1.12
8	混凝土垫层模板	m^2	(14.4+0.1×2)×4×0.1=5.84	5.84
9	筏板基础模板	m^2	14.4×4×1.5=86.40	86.40
10	FB辅助侧板钢筋	m^2	$\{[(0.6+0.6+1.3)\times1.5/2+(0.6+1.3)\times0.8]\times2+0.5\times0.6+(1.3^2+1.5^2)^{0.5}\times0.5\}\times8=64.66$	64.66

细说考点

本案例问题1考核的是工程量计算。根据《房屋建筑与装饰工程工程量计算规范》GB 50854—2013及背景资料中给出的数据进行计算。土建工程工程量计算规则已经在考点2土建工程工程量计算规则中进行了讲解。

问题2：

【解答】

该烟囱钢筋混凝土基础分部分项工程和单价措施项目清单与计价表见表4-59。

分部分项工程和单价措施项目清单与计价表 **表4-59**

序号	项目名称	项目特征	计量单位	工程量	金额（元）	
					综合单位	合价
1	C30混凝土旋挖钻孔灌注桩	C30，成孔、混凝土浇筑	m^3	150.72	1120.00	168806.40
2	C15混凝土筏板基础垫层	C15，混凝土浇筑	m^3	21.32	490.00	10446.80
3	C30混凝土筏板基础	C30，混凝土浇筑	m^3	311.04	680.00	211507.20
4	C30混凝土FB辅助侧板	C30，混凝土浇筑	m^3	13.58	695.00	9438.10
5	灌注桩钢筋笼	HRB400	t	7.43	5800.00	43094.00
6	筏板基础钢筋	HRB400	t	19.75	5750.00	113562.50
7	FB辅助侧板钢筋	HRB400	t	1.12	5750.00	6440.00
	小计					563295.00
8	混凝土垫层模板	垫层模板	m^2	5.84	28.0	163.52
9	筏板基础模板	筏板模板	m^2	86.40	49.00	4233.60
10	FB辅助侧板模板	FB辅助侧板模板	m^2	64.66	44.00	2845.04

续表

序号	项目名称	项目特征	计量单位	工程量	金额（元）	
					综合单位	合价
11	基础满堂脚手架	钢管	t	256.00	73.00	18688.00
12	大型机械进出场及安拆		台次	1.00	28000.00	28000.00
	小计					53930.16
	分部分项工程及单价措施项目合计					617225.16

细说考点

本案例问题 2 考核的是分部分项工程和单价措施项目清单与计价表的编制。根据背景资料中给出的相关信息及规定进行编制。

问题 3：

【解答】

安全文明施工费＝2000000.00×3.5%＝70000.00(元)

措施项目费＝150000.00＋70000.00＝220000.00(元)

人工费＝2000000.00×8%＋220000×15%＝193000.00(元)

总承包服务费＝110000.00×5%＝5500.00(元)

规费＝193000.00×21%＝40530.00(元)

增值税＝(2000000.00＋220000.00＋110000.00＋5500.00＋40530.00)×9%＝213842.7(元)

该钢筋混凝土多管式（钢内筒）烟囱单位工程最高投标限价汇总表见表 4-60。

单位工程最高投标限价汇总表 **表 4-60**

序号	汇总内容	金额（元）	其中暂估价（元）
1	分部分项工程费	2000000.00	
2	措施项目费	220000.00	
2.1	其中：安全文明措施费	70000.00	
3	其他项目费	115500.00	110000.00
3.1	其中：专业工程暂估价	110000.00	110000.00
3.2	其中：总承包服务费	5500.00	
4	规费（人工费 21%）	40530.00	
5	增值税 9%	213842.7	
最高总价合计＝1＋2＋3＋4＋5		2589872.7	

细说考点

本案例问题 3 考核的是单位工程最高投标限价汇总表的编制。按《建设工程工程量清单计价规范》GB 50500—2013 的要求及背景资料中给出的数据进行编制与填列。相关要点讲解如下：

(1) 最高投标限价也称招标控制价或拦标价，是招标人根据招标项目内容范围、需求目标、设计图纸、技术标准、招标工程量清单等，结合有关规定、规范标准、投资计划、工程定额、造价信息、市场价格以及合理可行的技术经济实施方案，通过科学测算并在招标文件中公开的招标人可接受最高投标价格（或最高投标价格计算方法）。

(2) 最高投标限价应由具有编制能力的招标人或受其委托具有相应资质的工程造价咨询人编制和复核。

(3) 工程造价咨询人接受招标人委托编制最高投标限价，不得再就同一工程接受投标人委托编制投标报价。

(4) 最高投标限价应按照规定编制，不应上调或下浮。建设工程发包单位不得迫使承包方以低于成本的价格竞标。

(5) 当最高投标限价超过批准的概算时，招标人应将其报原概算审批部门审核。

(6) 招标人应在发布招标文件时公布最高投标限价，同时应将最高投标限价及有关资料报送工程所在地或有该工程管辖权的行业管理部门工程造价管理机构备查。

(7) 工程类最高投标限价按照现行国家标准《建设工程工程量清单计价规范》GB50500—2013 的规定，依法必须招标的建设工程项目，必须实行工程量清单招标，一般应包括总价及分部分项工程费、措施项目费、其他项目费、规费、税金。

考点 7　建筑工程费用定额的应用

【例题】

背景资料：

某别墅部分设计如图 4-12～图 4-16 所示。墙体除注明外均为 240mm 厚。坡屋面构造做法：钢筋混凝土屋面板表面清扫干净，素水泥浆一道，20mm 厚 1∶3 水泥砂浆找平，刷热防水膏，采用 20mm 厚 1∶3 干硬性水泥砂浆防水保护层；25mm 厚 1∶1∶4 水泥石灰砂浆铺瓦屋面。卧室地面构造做法：素土夯实，60mm 厚 C10 混凝土垫层，20mm 厚 1∶2 水泥砂浆抹面压光。卧室楼面构造做法：150mm 现浇钢筋混凝土楼板，素水泥浆一道，20mm 厚 1∶2 水泥砂浆抹面压光（图中除标高以“m”计外，其余均以“mm”计）。

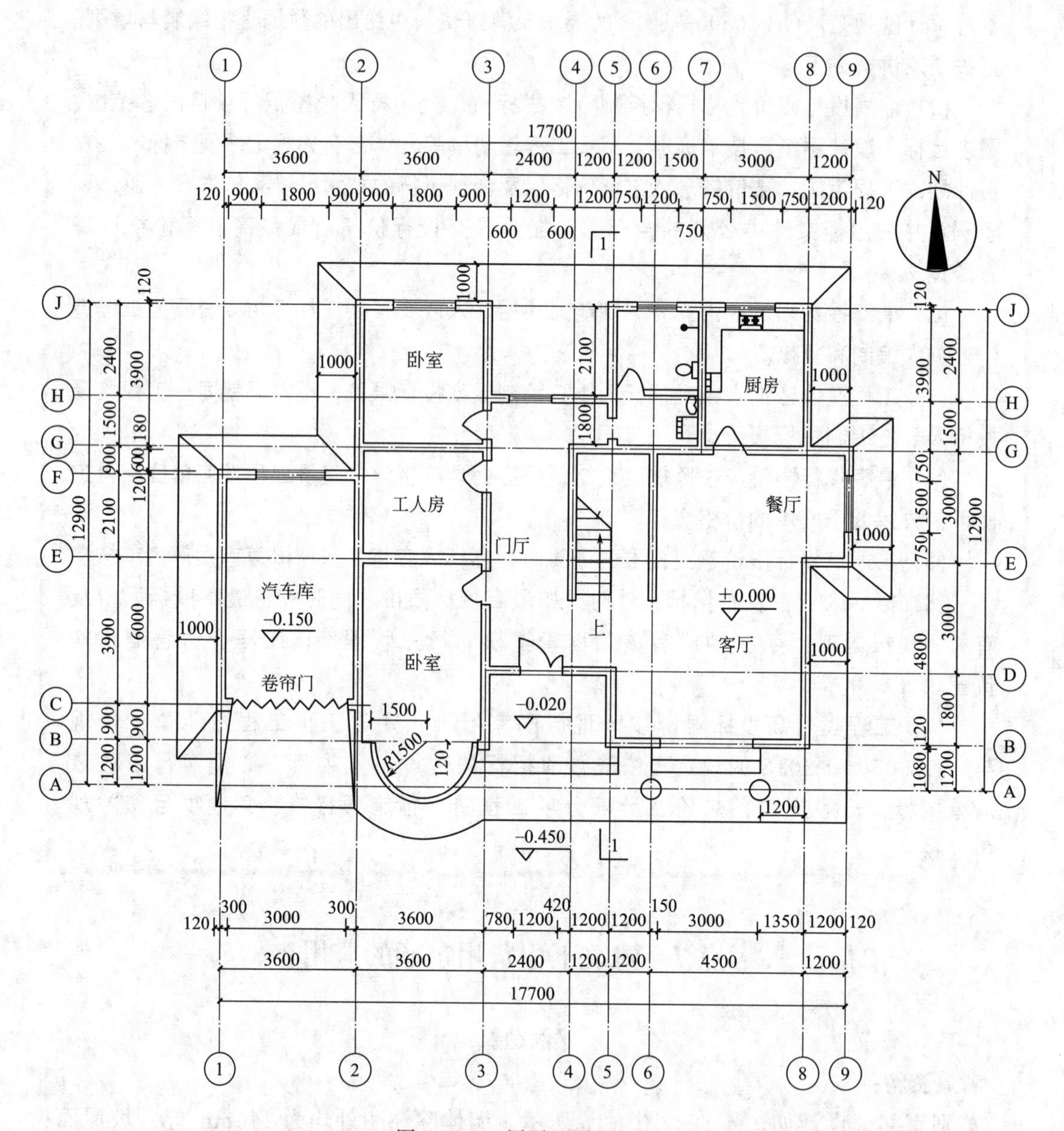

图 4-12　一层平面图 1：100

注：弧形落地窗半径 $R=1500$mm（为 B 轴外墙外边线到弧形窗边线的距离，弧形窗的厚度忽略不计）。

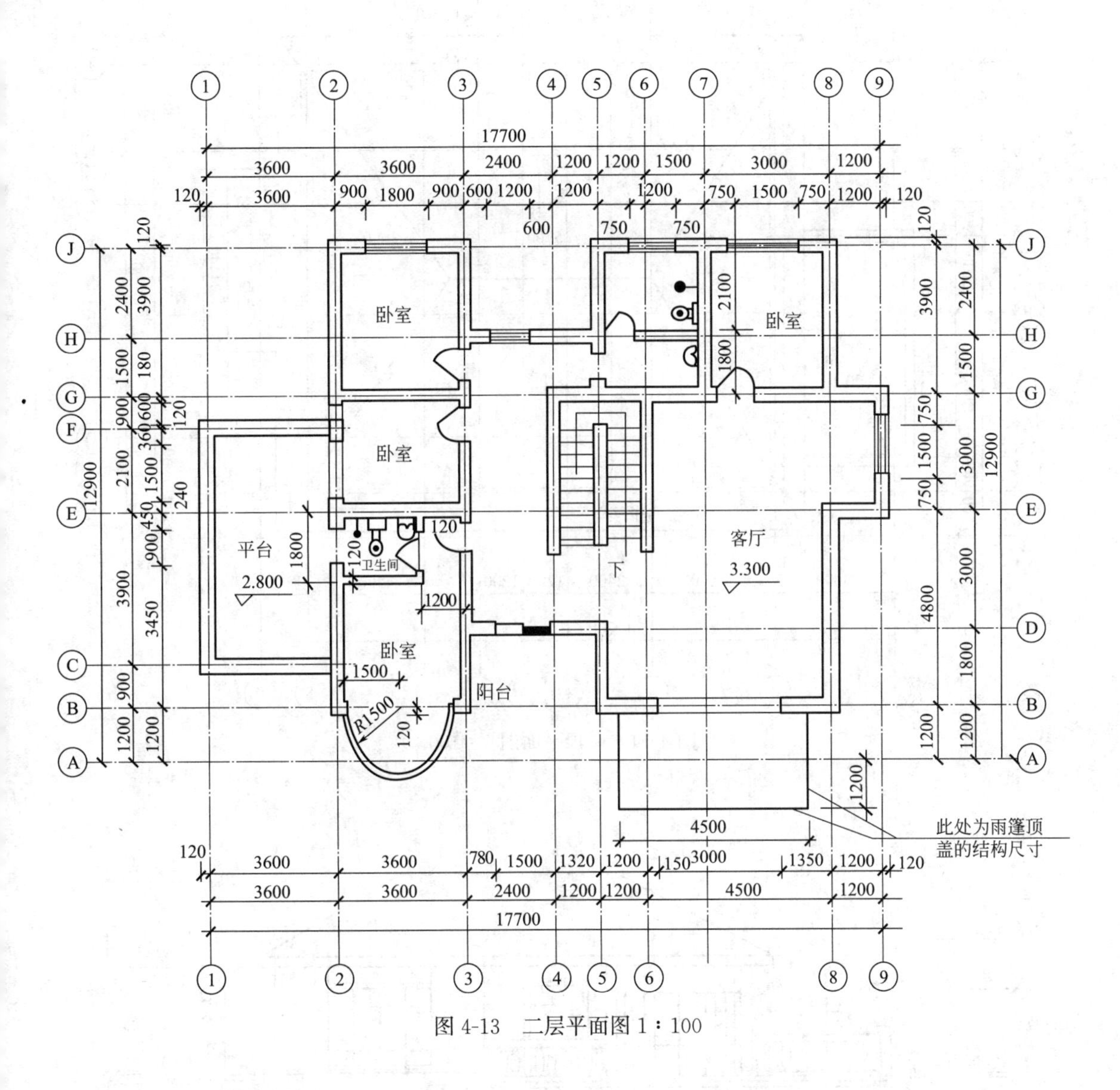

图 4-13　二层平面图 1：100

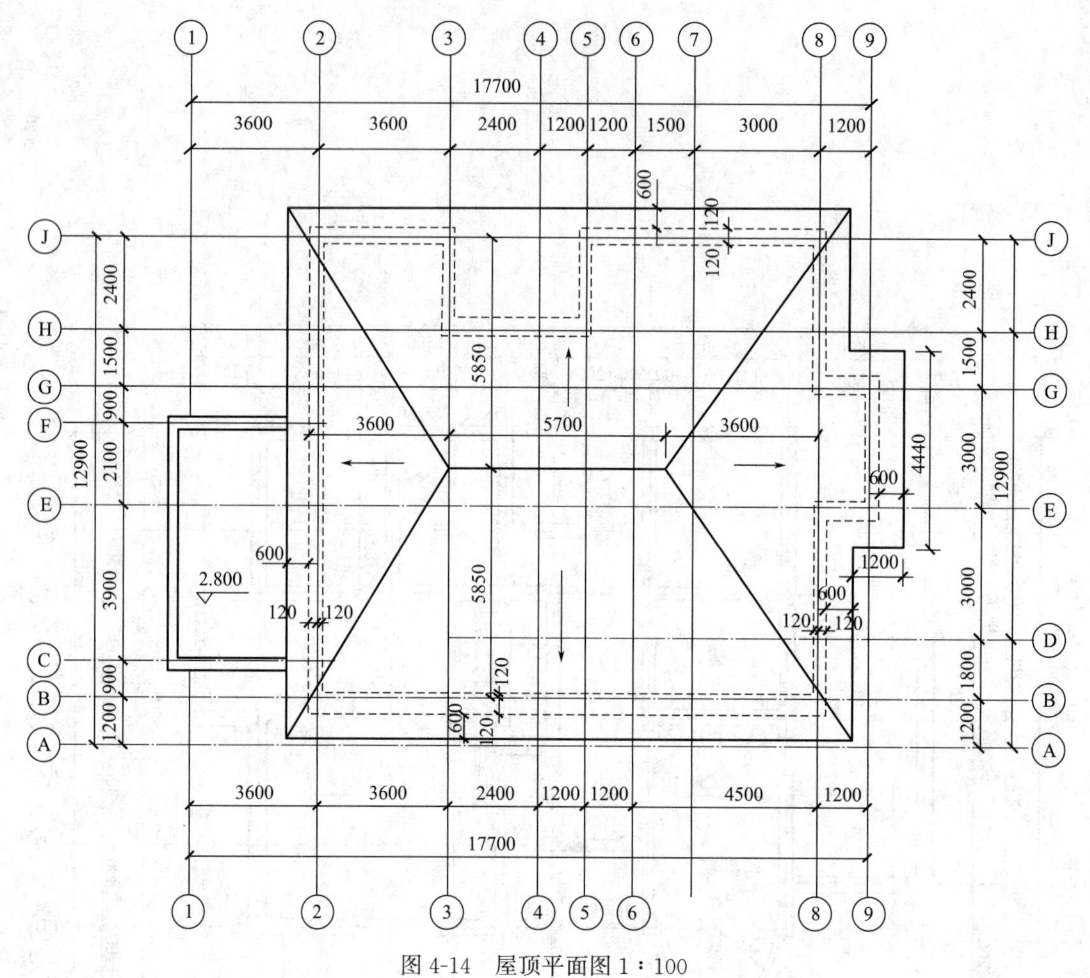
图 4-14　屋顶平面图 1∶100

图 4-15　南立面图 1∶100

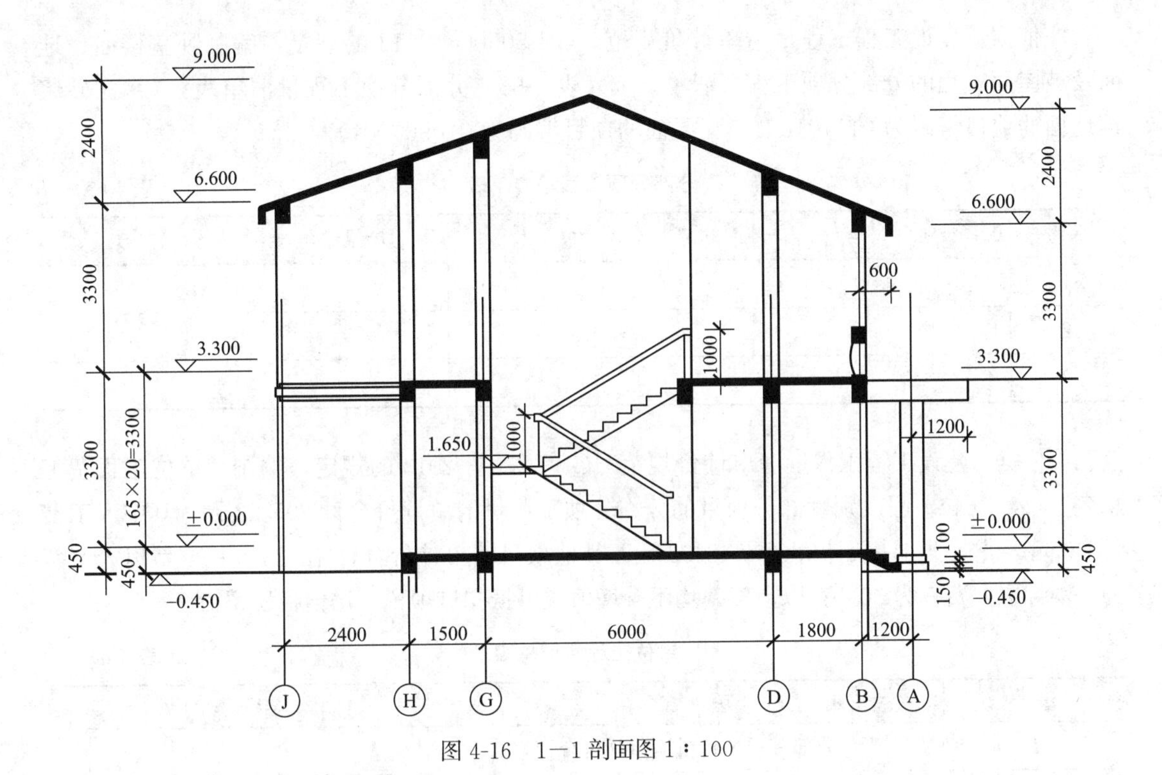

图 4-16　1—1 剖面图 1：100

问题：

1. 依据《建筑工程建筑面积计算规范》GB/T 50353—2013 的规定，计算别墅的建筑面积，将计量单位、计算过程及计算结果填入表 4-61“建筑面积计算表”。

建筑面积计算表　　　　**表 4-61**

序号	部位	计量单位	建筑面积	计算过程
1	一层			
2	二层			
3	阳台			
4	雨篷			
	合计			

2. 依据《建设工程工程量清单计价规范》GB 50500—2013 的规定，计算卧室（不含卫生间）楼面、地面工程量，计算坡屋面工程量，将计量单位、计算过程及结果填入表 4-62“分部分项工程量计算表”。

分部分项工程量计算表　　　　**表 4-62**

序号	分项工程名称	计量单位	工程数量	计算过程
1	卧室地面			
2	卧室楼面			
3	屋面			

3.依据《建设工程工程量清单计价规范》GB 50500—2013 的规定，编制卧室楼面、地面及坡屋面工程的分部分项工程量清单，填入表 4-63“分部分项工程量清单表”（水泥砂浆楼地面的项目编码为 011101001，瓦屋面的项目编码为 010901001）。

分部分项工程量清单表　　表 4-63

序号	项目编码	项目名称及特征	计量单位	工程数量
1				
2				
3				

4.依据《建设工程工程量清单计价规范》GB 50500—2013 的规定，编制“单位工程费汇总表”（表 4-64）。假设别墅部分项目的分部分项工程量清单计价合计 207822 元，其中人工费 41560 元；措施项目清单计价合计 48492 元；其他项目清单计价合计 12123 元；规费以人工费为基数计取，费率为 30%；以上费率均不含增值税可抵扣进项税，增值税税率为 9%。

单位工程费汇总表　　表 4-64

序号	项目名称	金额（元）
1	分部分项工程量清单计价合计	
2	措施项目清单计价合计	
3	其他项目清单计价合计	
4	规费	
5	增值税	
	合计	

（计算结果均保留两位小数）

【解答与细说考点】

问题 1：

【解答】

填写建筑面积计算表，见表 4-65。

建筑面积计算表　　表 4-65

序号	部位	计量单位	建筑面积	计算过程
1	一层	m^2	172.66	3.6×6.24＋3.84×11.94＋3.14×1.5²×1/2＋3.36×7.74＋5.94×11.94＋1.2×3.24＝172.66
2	二层	m^2	150.20	3.84×11.94＋3.14×1.5²×1/2＋3.36×7.74＋5.94×11.94＋1.2×3.24＝150.20
3	阳台	m^2	6.05	3.36×1.8＝6.05
4	雨篷	m^2	5.13	（2.4－0.12）×4.5×1/2＝5.13
	合计	m^2	334.04	

细说考点

本案例问题 1 考核的是建筑面积计算表的编制。依据《建筑工程建筑面积计算规范》GB/T 50353—2013 的规定及背景资料中图示情况进行建筑面积的计算，然后填列建筑面积计算表。建筑面积计算规则已经在考点 1 建筑面积计算规则中详细进行了阐述，这里不再进行讲解。

问题 2:

【解答】

填写分部分项工程量计算表，见表 4-66。

分部分项工程量计算表 **表 4-66**

序号	分项工程名称	计量单位	工程数量	计算过程
1	卧室地面	m^2	31.87	$3.36\times3.66+3.36\times4.56+3.14\times1.5^2\times1/2+0.24\times3=31.87$
2	卧室楼面	m^2	47.18	$3.36\times3.66+3.36\times2.76+3.36\times4.56+3.14\times1.5^2\times1/2+0.24\times3-1.74\times2.34+2.76\times3.66=47.18$
3	屋面	m^2	211.17	$[(5.7+14.34)\times\sqrt{2.4^2+(5.85+0.12+0.6)^2}\times2]/2+[13.14\times\sqrt{2.4^2+(3.6+0.12+0.6)^2}\times2]/2+1.2\times4.44\times4.94/4.32=211.17$ 其中：$14.34=3.6+2.4+1.2+1.2+4.5+0.72\times2$ $13.14=1.8+3+3+1.5+2.4+0.72\times2$

细说考点

本案例问题 2 考核的是分部分项工程量计算表的编制。依据《建设工程工程量清单计价规范》GB 50500—2013 及背景资料中图示情况进行工程量计算与分部分项工程量计算表的编制。

问题 3:

【解答】

填写分部分项工程量清单表，见表 4-67。

分部分项工程量清单表 **表 4-67**

序号	项目编码	项目名称及特征	计量单位	工程数量
1	011101001001	水泥砂浆地面： 1. 垫层：素土夯实，60mm 厚 C10 混凝土 2. 面层：20mm 厚 1∶2 水泥砂浆抹面压光	m^2	31.87

续表

序号	项目编码	项目名称及特征	计量单位	工程数量
2	011101001002	水泥砂浆楼面 面层：素水泥浆一道，20mm 厚 1∶2 水泥砂浆抹面压光	m^2	47.18
3	010901001001	瓦层面： 1. 找平层：素水泥浆一道，20mm 厚 1∶3 水泥砂浆 2. 防水保护层：刷热防水膏，20mm 厚 1∶3 干硬水泥砂浆 3. 面层：25mm 厚 1∶1∶4 水泥石灰砂浆	m^3	211.17

细说考点

本案例问题 3 考核的是分部分项工程量清单表的编制。根据《房屋建筑与装饰工程工程量计算规范》GB 50854—2013 及《建设工程工程量清单计价规范》GB 50500—2013 的规定及背景资料中提供的信息，进行编制。相关规定见表 4-68。

工程量清单计价规定 表 4-68

(1)	分部分项工程费	分部分项工程费＝Σ（分部分项工程量×综合单价） 根据《建设工程工程量清单计价规范》GB 50500—2013，综合单价是指完成一个规定清单项目所需的人工费、材料和工程设备费、施工机具使用费和企业管理费、利润以及一定范围内的风险费用
(2)	措施项目费	应予计量的措施项目：措施项目费＝Σ（措施项目工程量×综合单位） 不宜计量的措施项目： ①安全文明施工费＝计算基础×安全文明施工费费率（%） 计算基数是定额基价（定额分部分项工程费＋定额中可以计量的措施项目费）、定额人工费或定额人工费与施工机具使用费之和，其费率由工程造价管理机构根据各专业工程的特点综合确定。 ②不宜计量的措施项目： 措施项目费＝计算基础×措施项目费费率（%）
(3)	其他项目清单计价费	其他项目清单计价费＝暂列金额＋暂估价＋计日工＋总承包服务费
(4)	规费	规费＝Σ（各项规费费率×计算基数）
(5)	税金	税金＝[(1)＋(2)＋(3)＋(4)]×税率

续表

(6)	单位工程报价（清单计价费用）	单位工程报价(清单计价费用)＝(1)＋(2)＋(3)＋(4)＋(5)

问题4:

【解答】

填写单位工程费汇总表，见表4-69。

单位工程费汇总表 **表4-69**

序号	项目名称	金额（元）
1	分部分项工程量清单计价合计	207822.00
2	措施项目清单计价合计	48492.00
3	其他项目清单计价合计	12123.00
4	规费	12468.00
5	增值税	25281.45
	合计	306186.45

细说考点

本案例问题4考核的是单位工程费汇总表的编制。根据背景资料提供的数据及《建设工程工程量清单计价规范》GB 50500—2013进行计算并填列。这里需要注意的是，规费＝（分部分项工程费＋措施项目费＋其他项目费）×规费费率；增值税＝（分部分项工程费＋措施项目费＋其他项目费＋规费）×税率；单位工程费＝分部分项工程费＋措施项目费＋其他项目费＋规费＋税金。

考点8 土建工程投标报价的编制

【例题一】

背景资料:

某建筑物地下室挖土方工程，内容包括：挖基础土方和基础土方回填，基础土方回填采用打夯机夯实，除基础回填所需土方外，余土全部用自卸汽车外运800m至弃土场。提供的施工场地已按设计室外地坪－0.20m平整，土质为三类土，采取施工排水措施。根据图4-17、图4-18，以及现场环境条件和施工经验，确定土方开挖方案为：基坑除1—1剖面边坡按1：0.3放坡开挖外，其余边坡均采用坑壁支护垂直开挖，挖掘机开挖基坑，施工坡道等附加挖土忽略不计，已知垫层底面积586.21m^2。

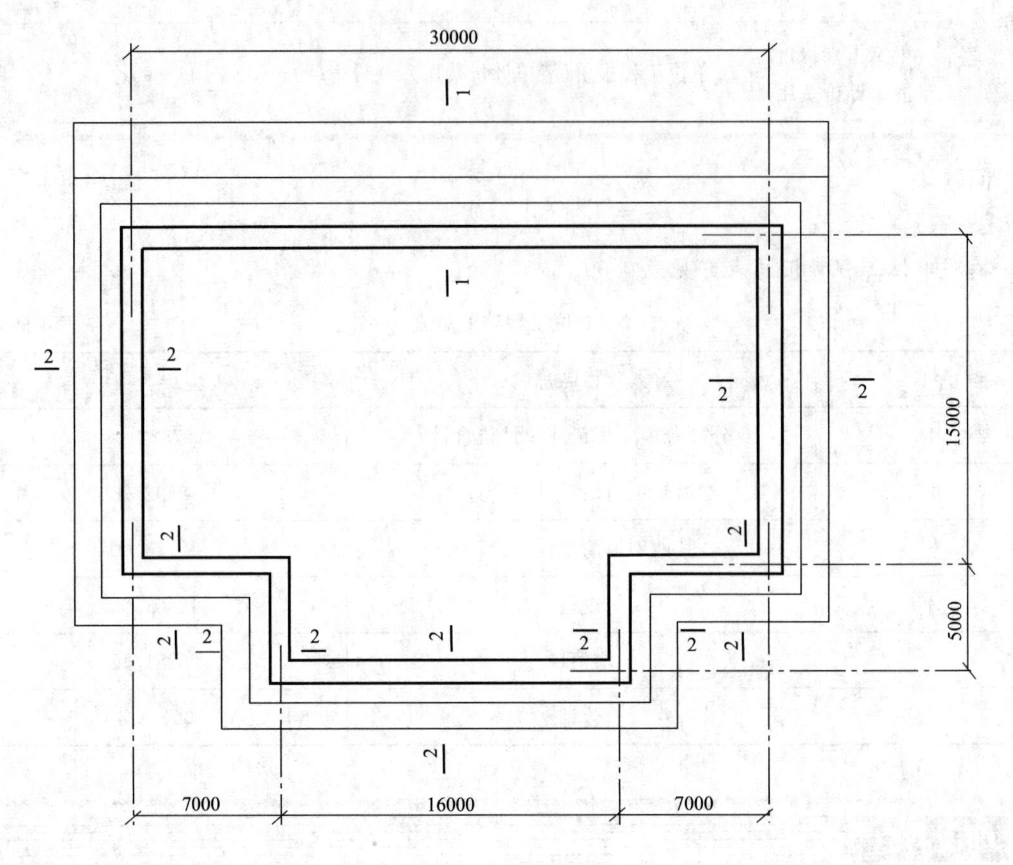

图 4-17　基础平面图

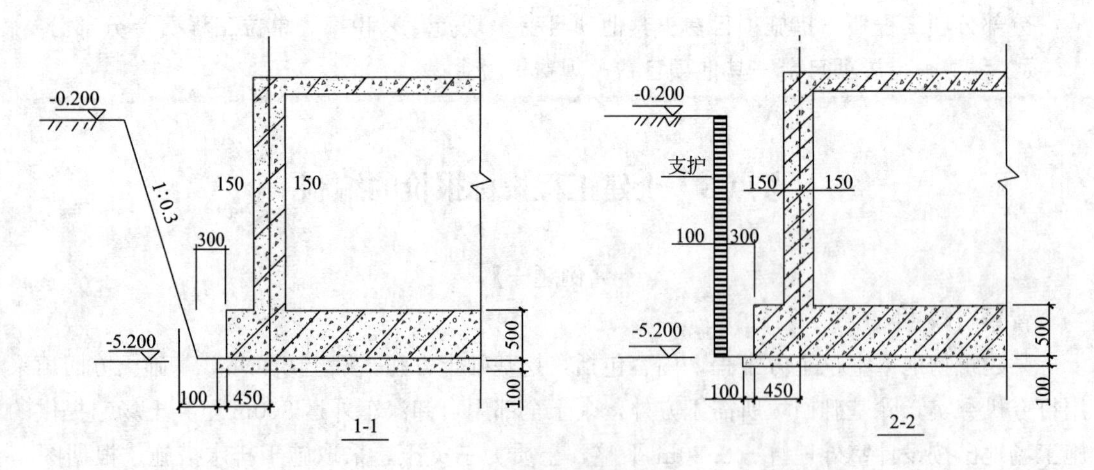

图 4-18　基础剖面图

有关施工内容的预算定额直接费单价见表4-70。

预算定额直接费单价 **表4-70**

序号	项目名称	单位	直接费单价组成（元）			
			人工费	材料费	施工机具使用费	单价
1	挖掘机挖土	m^3	0.28		2.57	2.85
2	土方回填夯实	m^3	14.11		2.05	16.16
3	自卸汽车运土（800m）	m^3	0.16	0.07	8.60	8.83
4	坑壁支护	m^2	0.75	6.28	0.36	7.39
5	施工排水	项				3700.00

承发包双方在合同中约定：以人工费、材料费和施工机具使用费之和为基数，计取管理费（费率5%）、利润（利润率4%）；以分部分项工程费合计、施工排水和坑壁支护费之和为基数，计取临时设施费（费率1.5%）、环境保护费（费率0.8%）、安全文明施工费（费率1.8%）；不计其他项目费；以分部分项工程费合计与措施项目费合计之和为基数，计取规费（费率2%）。税金（增值税）费率为9%。

问题：

除问题1外，其余问题均根据《建设工程工程量清单计价规范》GB 50500的规定进行计算。

1. 预算定额计算规则为：挖基础土方工程量按基础垫层外皮尺寸加工作面宽度的水平投影面积乘以挖土深度，另加放坡工程量，以立方米计量；坑壁支护按支护外侧垂直投影面积以平方米计量。挖、运、填土方均按天然密实土计算。计算挖掘机挖土、土方回填夯实、自卸汽车运土（800m）、坑壁支护的工程量，把计算过程及结果填入表4-71“工程量计算表”中。

工程量计算表 **表4-71**

序号	工程内容	计量单位	工程数量	计算过程

2. 假定土方回填土工程量为 190.23m³，计算挖基础土方工程量，将挖基础土方和土方回填的分部分项工程量填入表 4-72“分部分项工程量清单”（挖基础土方的项目编码为 010101002，土方回填的项目编码为 010103001）。

分部分项工程量清单 **表 4-72**

序号	项目编码	项目名称	计量单位	工程数量

3. 计算挖基础土方的工程量清单综合单价，把综合单价组成和综合单价填入表 4-73“工程量清单综合单价分析表”中。

工程量清单综合单价分析表 **表 4-73**

工程名称：××工程　　标段：××标段　　第 1 页共 1 页

<table>
<tr><td>项目编码</td><td colspan="2"></td><td colspan="2">项目名称</td><td colspan="3"></td><td>计量单位</td><td colspan="3"></td></tr>
<tr><td colspan="12">清单综合单价组成明细</td></tr>
<tr><td rowspan="2">定额编号</td><td rowspan="2">定额名称</td><td rowspan="2">定额单位</td><td rowspan="2">数量</td><td colspan="4">单价（元）</td><td colspan="4">合价（元）</td></tr>
<tr><td>人工费</td><td>材料费</td><td>施工机具使用费</td><td>管理费和利润</td><td>人工费</td><td>材料费</td><td>施工机具使用费</td><td>管理费和利润</td></tr>
<tr><td></td><td></td><td></td><td></td><td></td><td></td><td></td><td></td><td></td><td></td><td></td><td></td></tr>
<tr><td></td><td></td><td></td><td></td><td></td><td></td><td></td><td></td><td></td><td></td><td></td><td></td></tr>
<tr><td colspan="3">人工单价</td><td colspan="5">小计</td><td></td><td></td><td></td><td></td></tr>
<tr><td colspan="3">元/工日</td><td colspan="5">未计价材料费</td><td colspan="4">—</td></tr>
<tr><td colspan="8">清单项目综合单价</td><td colspan="4"></td></tr>
<tr><td rowspan="5">材料费明细</td><td colspan="4">主要材料名称、规格、型号</td><td>单位</td><td colspan="2">数量</td><td>单位（元）</td><td>合价（元）</td><td>售出单价（元）</td><td>售出合计（元）</td></tr>
<tr><td colspan="4"></td><td></td><td colspan="2"></td><td></td><td></td><td></td><td></td></tr>
<tr><td colspan="4"></td><td></td><td colspan="2"></td><td></td><td></td><td></td><td></td></tr>
<tr><td colspan="7">其他材料费</td><td>—</td><td></td><td>—</td><td></td></tr>
<tr><td colspan="7">材料费小计</td><td>—</td><td></td><td>—</td><td></td></tr>
</table>

4. 假定分部分项工程费用合计为 31500.00 元。

（1）编制挖基础土方的措施项目清单计价表（一）（二），填入表 4-74、表 4-75 中，并计算措施项目费合计。

（2）编制基础土方工程投标报价汇总表，填入表 4-76 中。

措施项目清单计价表（一） **表 4-74**

工程名称：××工程　　　　标段：××标段　　　　第 1 页共 1 页

序号	项目编码	项目名称	项目特征描述	计量单位	工程量	金额（元）	
						综合单价	合价
1	AB001						
合计							

措施项目清单计价表（二） **表 4-75**

工程名称：××工程　　　　标段：××标段　　　　第 1 页共 1 页

序号	项目名称	计算基础	费率（%）	金额（元）
合计				

基础土方工程投标报价汇总表 **表 4-76**

工程名称：××工程　　　　标段：××标段　　　　第 1 页共 1 页

序号	汇总内容	金额（元）	其中：暂估价（元）
1	分部分项工程		—
2	措施项目		—
2.1	措施项目（一）		—
2.2	措施项目（二）		—
3	其他项目	—	—
4	规费		—
5	税金（增值税）		—
投标报价合计=1+2+3+4+5			—

（计算结果均保留两位小数）

【解答与细说考点】

问题 1：

【解答】

填写工程量计算表，见表 4-77。

工程量计算表 **表 4-77**

序号	工程内容	计量单位	工程数量	计算过程
1	挖掘机挖土	m^3	3251.10	[(30+0.85×2)×(15+0.75+0.85)+(16+0.85×2)×5]×5.0+(30+0.85×2)×(1/2)×5×0.3×5+58.62=3251.10
2	土方回填夯实	m^3	451.66	3251.10−58.62−[(30+0.45×2)×(15+0.45×2)+(16+0.45×2)×5]×0.5−[(30+0.15×2)×(15+0.15×2)+(16+0.15×2)×5]×4.5=451.66
3	自卸汽车运土	m^3	2799.44	3251.10−451.66=2799.44
4	坑壁支护	m^2	382.00	[(15+0.75+0.85)×2+5×2+(30+0.85×2)]×5.0+0.3×5×2×5×(1/2)=382.00

细说考点

本案例问题 1 考核的是工程量计算表的编制及工程量计算。根据《房屋建筑与装饰工程工程量计算规范》GB 50854—2013 的规定及背景资料中所示信息进行计算，然后编制工程量计算表。

问题 2：

【解答】

挖基础土方工程量=586.21×(5.2−0.2+0.1)=2989.67(m^3)

填写分部分项工程量清单，见表 4-78。

分部分项工程量清单 **表 4-78**

序号	项目编码	项目名称	计量单位	工程数量
1	010101002001	挖基础土方 1. 土壤类别：三类土 2. 基础类型：满堂基础 3. 垫层底面积：568.21m^2 4. 挖土深度：5.10 m 5. 弃土运距：800m	m^3	2989.67
2	010103001001	土方回填 1. 土质：素土 2. 夯填：夯填	m^3	190.23

细说考点

本案例问题 2 考核的是分部分项工程量清单的编制。根据《建设工程工程量清单计价规范》GB 50500 的相关规定及背景资料中提供的数据信息进行分部分项工程量清单的编制与填列。

问题 3：

【解答】

(1) 每单位清单项目工程量对应的定额工程量：

①挖掘机挖土工程数量＝3251.10/2989.67＝1.09（m^3）

②自卸汽车运土工程数量＝2799.44/2989.67＝0.94（m^3）

(2) 各定额项目的管理费和利润单价：

①挖掘机挖土管理费和利润＝（0.28＋2.57）×（5%＋4%）＝0.26（元/m^3）

②自卸汽车运土管理费和利润＝(0.16＋0.07＋8.60)×(5%＋4%)＝0.79(元/m^3)

(3) 各定额项目的人工费、材料费、施工机具使用费、管理费和利润合价：

①挖掘机挖土：

1.09×0.28＝0.31（元/m^3）

1.09×2.57＝2.80（元/m^3）

1.09×0.26＝0.28（元/m^3）

②自卸汽车运土：

0.94×0.16＝0.15（元/m^3）

0.94×0.07＝0.07（元/m^3）

0.94×8.60＝8.08（元/m^3）

0.94×0.79＝0.74（元/m^3）

(4) 清单项目综合单价(0.31＋0.15)＋0.07＋(2.80＋8.08)＋(0.28＋0.74)＝12.43(元/m^3)

(5) 填写工程量清单综合单价分析表，见表 4-79。

工程量清单综合单价分析表 **表 4-79**

工程名称：××工程　　标段：××标段　　第 1 页共 1 页

项目编码	010101003001	项目名称		挖基础土方		计量单位		m³			
清单综合单价组成明细											
定额编号	定额名称	定额单位	数量	单价（元）				合价（元）			
				人工费	材料费	施工机具使用费	管理费和利润	人工费	材料费	施工机具使用费	管理费和利润
	挖掘机挖土	m³	1.09	0.28		2.57	0.26	0.31		2.80	0.28
	自卸汽车运土 800m	m³	0.94	0.16	0.07	8.60	0.79	0.15	0.07	8.08	0.74
人工单价		小计						0.46	0.07	10.88	1.02
元/工日		未计价材料费						—			

续表

项目编码	010101003001	项目名称		挖基础土方		计量单位		m³	
清单综合单价组成明细									
定额编号	定额名称	定额单位	数量	单价（元）				合价（元）	
				人工费	材料费	施工机具使用费	管理费和利润	人工费	材料费
清单项目综合单价								12.43	
材料费明细	主要材料名称、规格、型号		单位	数量		单位（元）	合价（元）	售出单价（元）	售出合计（元）
	其他材料费					—		—	
	材料费小计					—		—	

细说考点

本案例问题3考核的是工程量清单综合单价分析表的相关计算与编制。综合单价的计算基础包括清单含量、消耗量指标、生产要素单价，前述内容的相关数据一般会在背景资料中提及供考生参考。综合单价包括人工费、材料费、施工机具使用费、管理费和利润（有时还有风险费）。其中，人工费、材料费、施工机具使用费三者之和为直接费，管理费的计费基数是直接费，利润（有时还有风险费）的计费基数可以为直接费、直接费与管理费之和。因此，综合费用＝人工费＋材料费＋施工机具使用费＋管理费＋利润。

问题4：

【解答】

（1）坑壁支护综合单价＝7.39×（1＋5%＋4%）＝8.06（元/m²）

填写措施项目清单与计价表（一），见表4-80。

措施项目清单与计价表（一） **表4-80**

工程名称：××工程　　标段：××标段　　第1页共1页

序号	项目编码	项目名称	项目特征描述	计量单位	工程量	金额（元）	
						综合单价	合价
1	AB001	坑壁支护	坑壁支护	m²	382.00	8.06	3078.92
合计							3078.92

（2）施工排水＝3700×（1＋5%＋4%）＝4033（元）

填写措施项目清单与计价表（二），见表 4-81。

措施项目清单计价表（二） **表 4-81**

工程名称：××工程　　标段：××标段　　第 1 页共 1 页

序号	项目名称	计算基础	费率（%）	金额（元）
1	施工排水	3700.00	1+5%+4%	4033.00
2	临时设施	31500+4033+3078.92=38611.92	1.5	579.18
3	环境保护		0.8	308.90
4	安全文明施工		1.8	695.01
合计				5616.09

（3）措施项目费合计=5616.09+3078.92=8695.01（元）

填写基础土方工程投标报价汇总表，见表 4-82。

基础土方工程投标报价汇总表 **表 4-82**

工程名称：××工程　　标段：××标段　　第 1 页共 1 页

序号	汇总内容	金额（元）	其中：暂估价（元）
1	分部分项工程	31500.00	—
2	措施项目	8695.01	—
2.1	措施项目（一）	3078.92	—
2.2	措施项目（二）	5616.09	—
3	其他项目	—	—
4	规费	803.90	—
5	税金（增值税）	3689.90	—
投标报价合计=1+2+3+4+5		44688.81	—

细说考点

本案例问题 4 考核的是措施项目清单与计价表、工程投标报价汇总表的编制。投标报价是指承包商采取投标方式承揽工程项目时，计算和确定承包该工程的投标总价格。单位工程投标报价从报表形式来说，是由分部分项工程和单价措施项目清单与计价表、总价措施项目清单与计价表、其他项目清单与计价表、工程投标报价汇总表构成。工程投标报价汇总表的编制见表 4-83。

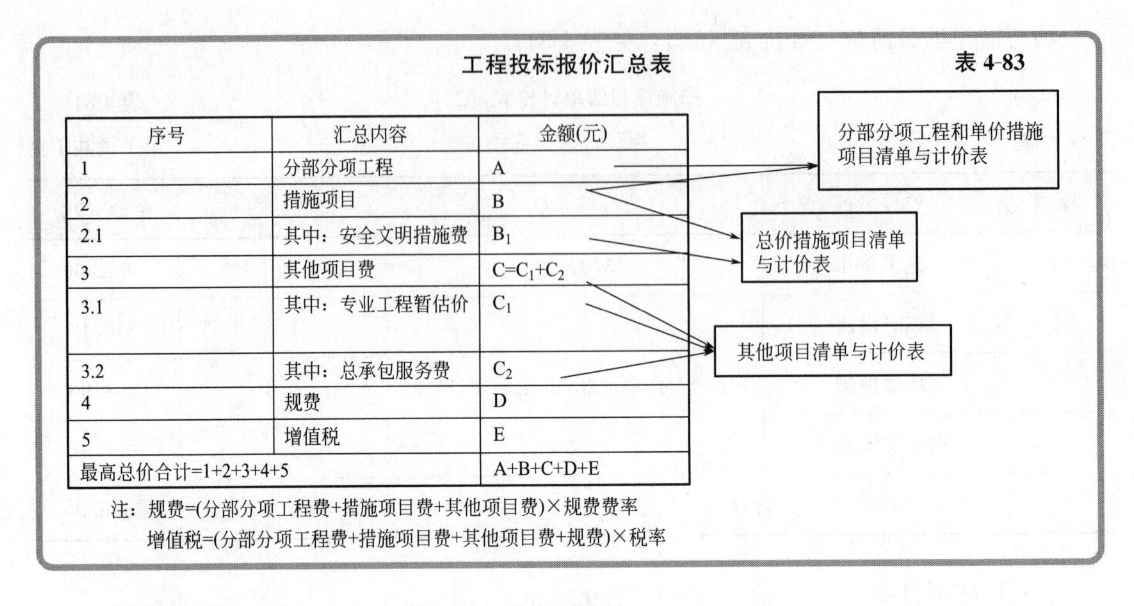
工程投标报价汇总表　　表 4-83

序号	汇总内容	金额(元)
1	分部分项工程	A
2	措施项目	B
2.1	其中：安全文明措施费	B_1
3	其他项目费	$C=C_1+C_2$
3.1	其中：专业工程暂估价	C_1
3.2	其中：总承包服务费	C_2
4	规费	D
5	增值税	E
最高总价合计=1+2+3+4+5		A+B+C+D+E

注：规费=(分部分项工程费+措施项目费+其他项目费)×规费费率

增值税=(分部分项工程费+措施项目费+其他项目费+规费)×税率

【例题二】

背景资料：

国有资金投资依法必须公开招标的某建设项目，采用工程量清单计价方式进行施工招标，招标控制价为 3568 万元，其中暂列金额 280 万元。招标文件中规定：

（1）投标有效期 90d，投标保证金有效期与其一致。

（2）投标报价不得低于企业平均成本。

（3）近三年施工完成或在建的合同价超过 2000 万元的类似工程项目不少于 3 个。

（4）合同履行期间，综合单价在任何市场波动和政策变化下均不得调整。

（5）缺陷责任期为 3 年，期满后退还预留的质量保证金。

投标过程中，投标人 F 在开标前 1h 口头告知招标人，撤回了已提交的投标文件，要求招标人 3 日内退还其投标保证金。

除 F 外还有 A、B、C、D、E 五个投标人参加了投标，其总报价（万元）分别为：3489、3470、3358、3209、3542。评标过程中，评标委员会发现投标人 B 的暂列金额按 260 万元计取，且对招标清单中的材料暂估单价均下调 5%后计入报价；发现投标人 E 报价中混凝土梁的综合单价为 700 元/m^3，招标清单工程量为 520m^3，合价为 36400 元。其他投标人的投标文件均符合要求。

招标文件中规定的评分标准如下：商务标中的总报价评分占 60 分，有效报价的算术平均数为评标基准价，报价等于评标基准价者得满分（60 分），在此基础上，报价比评标基准价每下降 1%，扣 1 分；每上升 1%，扣 2 分。

问题：

1. 请逐一分析招标文件中规定的（1）～（5）项内容是否妥当，并对不妥之处分别说明理由。

2. 请指出投标人 F 行为的不妥之处，并说明理由。

3. 针对投标人 B、投标人 E 的报价，评标委员会应分别如何处理？并说明理由。

4. 计算各有效报价投标人的总报价得分。(计算结果保留两位小数)

参考答案:

1. 招标文件中规定的(1)~(5)项内容是否妥当的判断及不妥之处的理由:

招标文件中第(1)项规定:妥当。

招标文件中第(2)项规定:不妥。理由:投标报价不得低于投标企业的成本,但不是企业的平均成本。

招标文件中第(3)项规定:妥当。

招标文件中第(4)项规定:不妥。理由:对于主要由市场价格波动导致的价格风险,如工程造价中的建筑材料、燃料等价格风险,发承包双方应当在招标文件中或在合同中对此类风险的范围和幅度予以明确约定,进行合理分摊。因国家法律、法规、规章和政策发生变化影响合同价款的风险,发承包双方应在合同中约定由发包人承担,承包人不应承担此类风险。

招标文件中第(5)项规定:不妥。理由:缺陷责任期最长不超过24个月,不是3年。期限届满后,扣除承包人未履行缺陷修复责任而支付的费用后,剩余的质量保证金应返还承包人。

2. 指出投标人F行为的不妥之处及理由:

(1)不妥之处一:投标人F在开标前1h口头告知招标人。

理由:投标人撤回已提交的投标文件,应当在投标截止时间前书面通知招标人。

(2)不妥之处二:要求招标人3日内退还其投标保证金。

理由:投标人已收取投标保证金的,应当自收到投标人书面撤回通知之日起5日内退还。

3.(1)针对投标人B的报价,评委应将其按照废标处理。

理由:投标人应按照招标人提供的暂列金额、材料暂估价进行投标报价,不得变动和更改。而投标人B的投标报价中,暂列金额、材料暂估价没有按照招标文件的要求填写,未在实质上响应招标文件,故投标人B的报价应作为废标处理。

(2)针对投标人E的报价,评委应将其按照废标处理。

理由:投标人E的报价计算有误,评委应将投标人E的投标报价以单价为准修正总价,即混凝土梁按520×700/10000=36.4万元修正,修正的价格经投标人书面确认后具有约束力;投标人不接受修正价格的,其投标无效。但是,E投标人原报价3542万元,混凝土梁价格修改后为36.4万元,则投标人E经修正后的报价=3542+(36.4-36400/10000)=3574.76(万元),超过招标控制价3568万元,故应按照废标处理。

4. 有效投标人的报价:投标人A(3489万元)、投标人C(3358万元)、投标人D(3209万元)。

评标基准价=(3489+3358+3209)÷3=3352(万元)。

投标人A:3489÷3352=104.09%,得分:60-(104.09-100)×2=51.82(分)。

投标人C:3358÷3352=100.18%,得分:60-(100.18-100)×2=59.64(分)。

投标人D:3209÷3352=95.73%,得分:60-(100-95.73)×1=55.73(分)。

考点9　土建工程价款结算

【例题】

背景资料：

某写字楼标准层电梯厅共20套，施工企业中标的“分部分项工程和单价措施项目清单与计价表”见表4-84。现根据图4-19、图4-20所示的电梯厅土建装饰竣工图及相关技术参数，按下列问题要求，编制电梯厅的竣工结算。

分部分项工程和单价措施项目清单与计价表　　**表4-84**

序号	项目编码	项目名称	项目特征	计量单位	工程量	金额（元）	
						综合单价	合价
一	分部分项工程						
1	011102001001	楼地面	干硬性水泥砂浆铺砌米黄大理石	m^2	610.00	560.00	341600.00
2	011102001002	波打线	干硬性水泥砂浆铺砌啡网纹大理石	m^2	100.00	660.00	66000.00
3	011108001001	过门石	干硬性水泥砂浆铺砌啡网纹大理石	m^2	40.00	650.00	26000.00
4	011204001001	墙面	钢龙骨干挂米黄洞石	m^2	1000.00	810.00	810000.00
5	020801004001	竖井装饰门	钢龙骨支架米黄洞石	m^2	96.00	711.00	68256.00
6	010808004001	电梯门套	2mm拉丝不锈钢	m^2	190.00	390.00	74100.00
7	011302001001	天棚	2.5mm铝板	m^2	610.00	360.00	219600.00
8	011304001001	吊顶灯槽	亚布力板	m^2	100.00	350.00	35000.00
	分部分项工程小计			元			1640556.00
二	单价措施项目						
1	011701003001	吊顶脚手架	3.6m内	m^2	700.00	23.00	16100.00
	单价措施项目小计			元			16100.00
	分部分项工程和单价措施项目合计			元			1656656.00

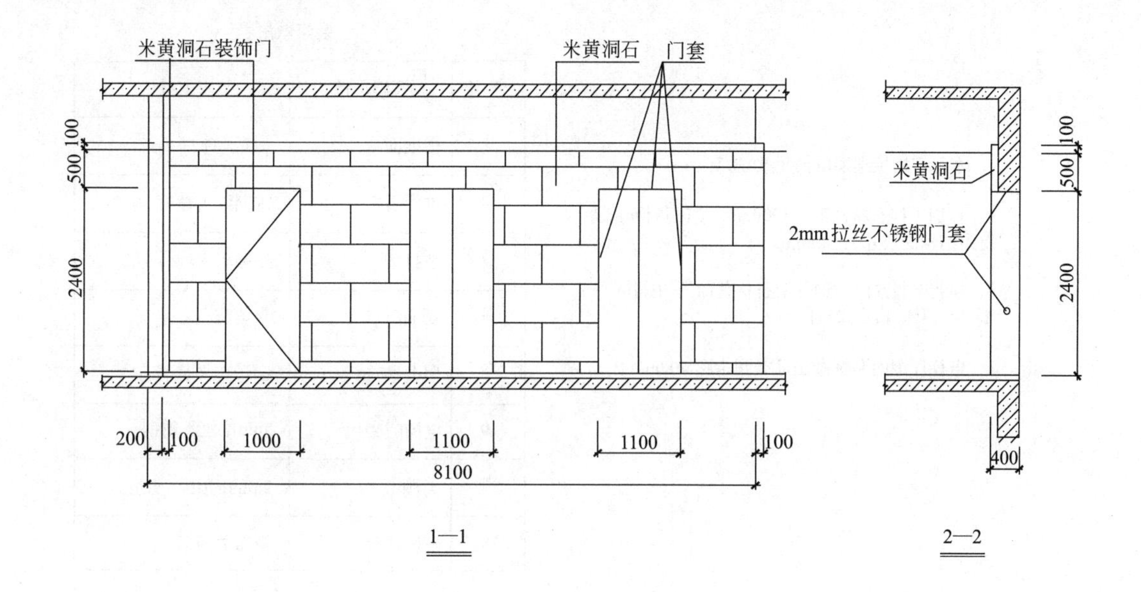

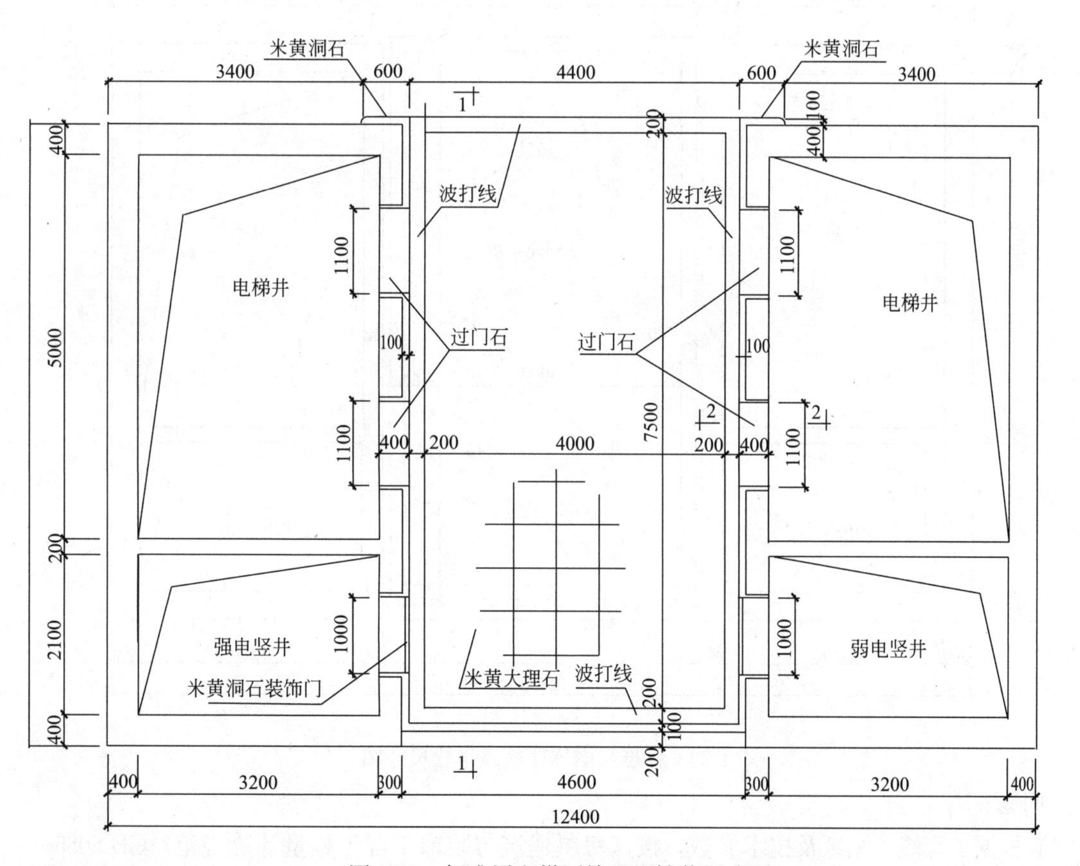

图 4-19　标准层电梯厅楼地面铺装尺寸图

说明：

1. 本写字楼标准层电梯厅共 20套。

2. 墙面干挂石材高度为3000mm，其石材面层外皮距结构面尺寸为100mm。

3. 强弱电竖井门为钢骨架石材装饰门(主材同墙体)，其门口不设过门石。

4. 电梯厅墙面装饰做法延展到走廊 600mm。

装修做法表

序号	装修部位	装修主材
1	楼地面	米黄大理石
2	过门石	啡网纹大理石
3	波打线	啡网纹大理石
4	墙面	米黄洞石
5	竖井装饰门	钢骨架米黄洞石
6	电梯门套	2mm拉丝不锈钢
7	天棚	2.5mm铝板
8	吊顶灯槽	亚布力板

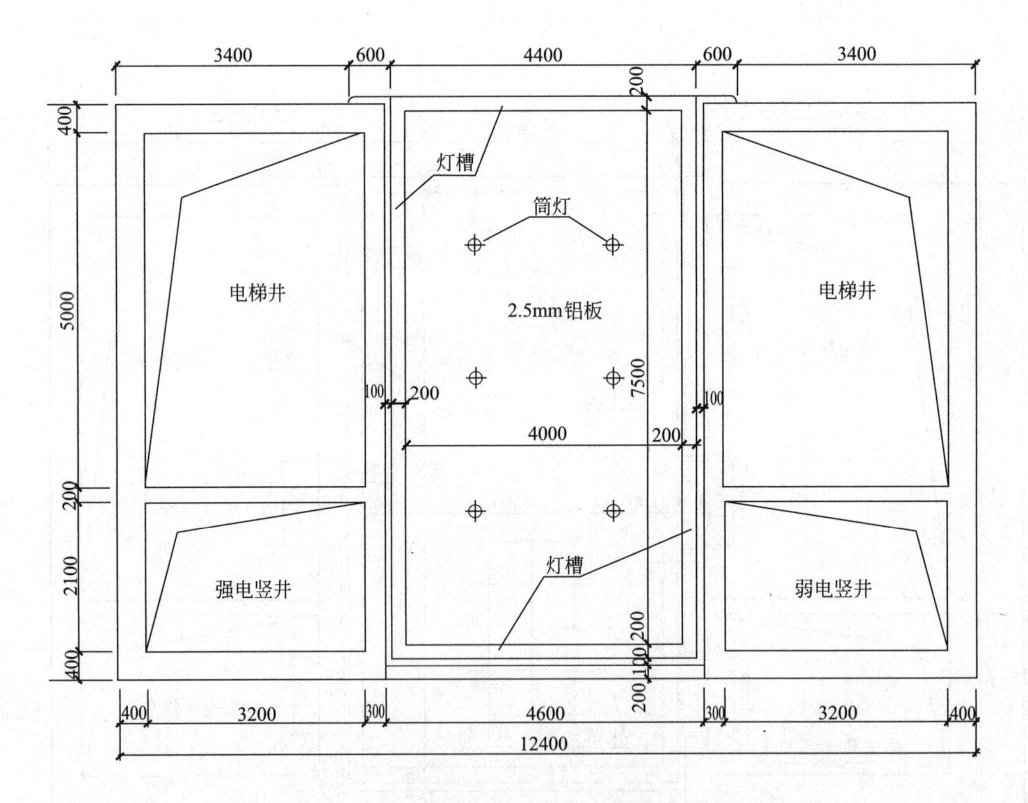

图 4-20　标准层电梯厅吊顶布置尺寸图

问题：

1. 根据工程竣工图纸及技术参数，按《房屋建筑与装饰工程工程量计算规范》GB 50854—2013 的计算规则，在表 4-85“工程量计算表”中列式计算该 20 套电梯厅楼地面、墙面（装饰高度 3000mm）、天棚、门和门套等土建装饰分部分项工程的结算工程量（竖井装饰门内的其他项目不考虑）。

工程量计算表 表 4-85

序号	项目名称	工程量计算过程	工程量（m^2）
1	楼地面		
2	波打线		
3	过门石		
4	墙面		
5	竖井装饰门		
6	电梯门套		
7	天棚		
8	吊顶灯槽		
9	吊顶脚手架		

2. 根据问题 1 的计算结果及合同文件中“分部分项工程和单价措施项目清单与计价表”的相关内容，按《建设工程工程量清单计价规范》GB 50500—2013 的要求，在表 4-86 中编制该土建装饰工程结算。

分部分项工程和单价措施项目清单与计价表 表 4-86

序号	项目编码	项目名称	项目特征	计量单位	工程量	金额（元）	
						综合单价	合价
一	分部分项工程						
1	011102001001	楼地面	干硬性水泥砂浆铺砌米黄大理石	m^2			
2	011102001002	波打线	干硬性水泥砂浆铺砌啡网纹大理石	m^2			
3	011108001001	过门石	干硬性水泥砂浆铺砌啡网纹大理石	m^2			
4	011204001001	墙面	钢龙骨干挂米黄洞石	m^2			
5	020801004001	竖井装饰门	钢龙骨支架米黄洞石	m^2			
6	010808004001	电梯门套	2mm 拉丝不锈钢	m^2			
7	011302001001	天棚	2.5mm 铝板	m^2			
8	011304001001	吊顶灯槽	亚布力板	m^2			
	分部分项工程小计			元			

续表

序号	项目编码	项目名称	项目特征	计量单位	工程量	金额（元）	
						综合单价	合价
二	单价措施项目						
1	011701003001	吊顶脚手架	3.6m 内	m^2			
	单价措施项目小计			元			
	分部分项工程和单价措施项目合计			元			

3.按该分部分项工程竣工结算金额 1600000.00 元，单价措施项目清单结算金额为 18000.00 元取定，安全文明施工费按分部分项工程结算金额的 3.5%计取，其他项目费为零，人工费占分部分项工程及措施项目费的 13%，规费按人工费的 21%计取。以上费用均不含可抵扣进项税，增值税税率按 9%计取。按《建设工程工程量清单计价规范》GB 50500—2013 的要求，列式计算安全文明施工费、措施项目费、规费、税金，并在表 4-87 “单位工程竣工结算汇总表”中编制该土建装饰工程结算。

单位工程竣工结算汇总表 **表 4-87**

序号	项目名称	金额
1	分部分项工程费	
2	措施项目费	
2.1	单价措施费	
2.2	安全文明施工费	
3	规费	
4	税金（增值税）	
	竣工结算总价合计	

（计算结果保留两位小数）

【解答与细说考点】

问题 1：

【解答】

填写工程量计算表，见表 4-88。

工程量计算表 **表 4-88**

序号	项目名称	工程量计算过程	工程量（m^2）
1	楼地面	7.5×4×20=600.00	600.00
2	波打线	(7.7+4.2)×2×0.2×20=95.20	95.20
3	过门石	1.1×0.4×4×20=35.20	35.20

续表

序号	项目名称	工程量计算过程	工程量（m^2）
4	墙面	[(7.9×2+4.4+0.6×2)×3−1.1×2.4×4−1×2.4×2]×20=976.80	976.80
5	竖井装饰门	(1×2.4)×2×20=96.00	96.00
6	电梯门套	(1.1+2.4×2)×0.4×4×20=188.80	188.80
7	天棚	7.5×4×20=600.00	600.00
8	吊顶灯槽	(7.7+4.2)×2×0.2×20=95.20	95.20
9	吊顶脚手架	(7.5+0.2+0.2)×(4+0.2+0.2)×20=695.20	695.20

细说考点

本案例问题1考核的是工程量计算表的编制及工程量计算。按《房屋建筑与装饰工程工程量计算规范》GB 50854—2013的计算规则及背景资料中图示的相关数据信息进行计算。

问题2：

【解答】

填写分部分项工程和单价措施项目清单与计价表，见表4-89。

分部分项工程和单价措施项目清单与计价表 表4-89

序号	项目编码	项目名称	项目特征	计量单位	工程量	金额（元）	
						综合单价	合价
一	分部分项工程						
1	011102001001	楼地面	干硬性水泥砂浆铺砌米黄大理石	m^2	600.00	560.00	336000.00
2	011102001002	波打线	干硬性水泥砂浆铺砌啡网纹大理石	m^2	95.20	660.00	62832.00
3	011108001001	过门石	干硬性水泥砂浆铺砌啡网纹大理石	m^2	35.20	650.00	22880.00
4	011204001001	墙面	钢龙骨干挂米黄洞石	m^2	976.80	810.00	791208.00
5	020801004001	竖井装饰门	钢龙骨支架米黄洞石	m^2	96.00	711.00	68256.00
6	010808004001	电梯门套	2mm拉丝不锈钢	m^2	188.80	390.00	73632.00

续表

序号	项目编码	项目名称	项目特征	计量单位	工程量	金额（元）	
						综合单价	合价
7	011302001001	天棚	2.5mm 铝板	m^2	600.00	360.00	216000.00
8	011304001001	吊顶灯槽	亚布力板	m^2	95.20	350.00	33320.00
	分部分项工程小计			元			1604128.00
二	单价措施项目						
1	011701003001	吊顶脚手架	3.6m 内	m^2	695.20	23.00	15989.60
	单价措施项目小计			元			15989.60
	分部分项工程和单价措施项目合计			元			1620117.6

细说考点

本案例问题 2 考核的是分部分项工程和单价措施项目清单与计价表的编制。分部分项工程和单价措施项目清单与计价表根据《建设工程工程量清单计价规范》GB 50500—2013 及背景资料中提供的相关数据信息进行计算及编制。

问题 3：

【解答】

安全文明施工费＝1600000.00×3.5%＝56000.00（元）

措施项目费＝56000.00＋18000.00＝74000.00（元）

规费＝（1600000.00＋74000.00）×13%×21%＝45700.20（元）

税金（增值税）＝（1600000.00＋74000.00＋45700.20）×9%＝154773.02（元）

填写单位工程竣工结算汇总表，见表 4-90。

单位工程竣工结算汇总表 **表 4-90**

序号	项目名称	金额（元）
1	分部分项工程费	1600000.00
2	措施项目费	74000.00
2.1	单价措施费	18000.00
2.2	安全文明施工费	56000.00
3	规费	45700.20
4	税金（增值税）	154773.02
	竣工结算总价合计	1874473.22

细说考点

本案例问题 3 考核的是单位工程竣工结算汇总表的编制。单位工程竣工结算汇总表按《建设工程工程量清单计价规范》GB 50500—2013 的规定及背景资料中提供的相关数据信息进行计算及编制。本题中的竣工结算总价＝分部分项工程费＋措施项目费＋规费＋税金。

考点10 土建工程合同价款的调整

【例题一】

背景资料：

某工程项目发承包双方签订了工程施工合同，工期5个月，合同约定的工程内容及其价款包括：分部分项工程项目（含单价措施项目）、总价措施项目（含安全文明施工）、暂列金额、税费4项。分部分项工程项目费用数据与施工进度计划见表4-91。总价措施项目费用10万元（其中含安全文明施工费6万元）；暂列金额费用5万元；管理费和利润为不含税人材机费用之和的12%；规费为不含税人材机费用与管理费、利润之和的6%；增值税税率为9%。

分部分项工程项目费用数据与施工进度计划表 **表4-91**

分部分项工程项目（含单价措施项目）				施工进度计划（单位：月）				
名称	工程量	综合单价	费用（万元）	1	2	3	4	5
A	$800m^3$	360元/m^3	28.8					
B	$900m^3$	420元/m^3	37.8					
C	$1200m^3$	280元/m^3	33.6					
D	$1000m^3$	200元/m^3	20.0					
合计			120.2	注：计划和实际施工进度均为匀速进度				

有关工程价款支付条款如下：

1.开工前，发包人按签约含税合同价（扣除安全文明施工费和暂列金额）的20%作为预付款支付承包人，预付款在施工期间的第2～5个月平均扣回，同时将安全文明施工费的70%作为提前支付的工程款。

2.分部分项工程项目工程款在施工期间逐月结算支付。

3.分部分项工程C所需的工程材料C1用量1250m^2，承包人的投标报价为60元/m^2（不含税）。当工程材料C1的实际采购价格在投标报价的±5%以内时，分部分项工程C的综合单价不予调整；当变动幅度超过该范围时，按超过的部分调整分部分项工程C的综合单价。

4.除开工前提前支付的安全文明施工费工程款之外的总价措施项目工程款，在施工期间的第1～4个月平均支付。

5.发包人按每次承包人应得工程款的90%支付。

6. 竣工验收通过后45d内办理竣工结算，扣除实际工程含税总价款的3%作为工程质量保证金，其余工程款发承包双方一次性结清。

该工程如期开工，施工中发生了经发承包双方确认的下列事项：

1. 分部分项工程B的实际施工时间为第2～4月。

2. 分部分项工程C所需的工程材料C1实际采购价格为70元/m^2（含可抵扣进项税，税率为3%）。

3. 承包人索赔的含税工程量为4万元。

其余工程内容的施工时间和价款均与签约合同相符。

问题：

1. 该工程签约合同价（含税）为多少万元？开工前发包人应支付给承包人的预付款和安全文明施工费工程款分别为多少万元？

2. 第2个月，发包人应支付给承包人的工程款为多少万元？截止到第2个月末，分部分项工程的拟完成工程计划投资、已完工程计划投资分别为多少万元？工程进度偏差为多少万元？并根据计算结果说明进度快慢情况。

3. 分部分项工程C的综合单价应调整为多少元/m^2？如果除工程材料C1外的其他进项税额为2.8万元（其中，可抵扣进项税额为2.1万元），则分部分项工程C的销项税额、可抵扣进项税额和应缴纳增值税额分别为多少万元？

4. 该工程实际总造价（含税）比签约合同价（含税）增加（或减少）多少万元？假定在办理竣工结算前发包人已支付给承包人的工程款（不含预付款）累计为110万元，则竣工结算时，发包人应支付给承包人的结算尾款为多少万元？

（注：计算结果以元为单位的保留两位小数，以万元为单位的保留三位小数）

【解答与细说考点】

问题1：

【解答】

（1）该工程签约合同价（含税）=(120.2+10+5)×(1+6%)×(1+9%)=156.210(万元)

（2）开工前发包人应支付给承包人的预付款=[156.210−(6+5)×(1+6%)×(1+9%)]×20%=28.700(万元)

（3）开工前发包人应支付给承包人的安全文明施工费工程款=6×70%×(1+6%)×(1+9%)×90%=4.367(万元)

细说考点

本案例问题1考核的是含税工程签约合同价、预付款和安全文明施工费工程款的计算。相关内容讲解如下：

（1）签约合同价

《建设工程工程量清单计价规范》GB 50500—2013第2.0.47条规定，签约合同价（合同价款）是指发承包双方在工程合同中约定的工程造价，即包括了分部分项工程费、措施项目费、其他项目费、规费和税金的合同总金额。因此工程量清单计价中计算的签约合同价＝［分部分项工程费＋单价措施项目费＋总价措施项目费（包括安全文明施工费）＋计日工（计划）＋专业分包暂估价＋总承包服务费＋暂列金额］×（1＋规费费率）×（1＋税率）

（注意：这里签约合同价中的各项费用均是签订合同时的计划费用。）

（2）预付款

预付款属于预支性质，随着工程的实施，原已支付的预付款应以充抵工程价款的方式陆续扣回，抵扣方式应当由双方当事人在合同中明确约定。预付款的相关要点见表 4-92。

预付款的相关要点 **表 4-92**

相关规定	《建设工程工程量清单计价规范》GB 50500—2013 第 10.1.2 条规定，包工包料工程的预付款的支付比例不得低于签约合同价（扣除暂列金额）的 10%，不宜高于签约合同价（扣除暂列金额）的 30%。第 10.1.6 条规定，预付款应从每一个支付期应支付给承包人的工程进度款中扣回，直到扣回的金额达到合同约定的预付款金额为止。 《建设工程施工合同（示范文本）》GF-2017-0201 第 12.2.1 条规定，预付款的支付按照专用合同条款约定执行，但至迟应在开工通知载明的开工日期 7d 前支付。 《建设工程价款结算暂行办法》（财建〔2004〕369 号）第十二条规定，工程预付款结算应符合下列规定： （1）包工包料工程的预付款按合同约定拨付，原则上预付比例不低于合同金额的 10%，不高于合同金额的 30%，对重大工程项目，按年度工程计划逐年预付。 （2）在具备施工条件的前提下，发包人应在双方签订合同后的一个月内或不迟于约定的开工日期前的 7d 内预付工程款，发包人不按约定预付，承包人应在预付时间到期后 10d 内向发包人发出要求预付的通知，发包人收到通知后仍不按要求预付，承包人可在发出通知 14d 后停止施工，发包人应从约定应付之日起向承包人支付应付款的利息（利率按同期银行贷款利率计），并承担违约责任。 （3）预付的工程款必须在合同中约定抵扣方式，并在工程进度款中进行抵扣。 （4）凡是没有签订合同或不具备施工条件的工程，发包人不得预付工程款，不得以预付款为名转移资金
支付扣还计算	$\text{工程预付款数额}=\frac{\text{年度工程总价}\times\text{材料比例（\%）}}{\text{年度施工天数}}\times\text{材料储备定额天数}$ 预付款数额＝（合同价款扣除暂列项数额）计算基数×（1＋规费费率）×（1＋税率）×预付款比例 （注意：这里的相关价款基数、预付款比例及扣回方式在造价案例分析题的背景资料中会给出相关数据信息，考生要仔细审题，包括哪些费用一定要明确）

续表

支付扣还计算	预付款扣还分为按合同约定扣款方式和起扣点计算方式，若合同约定预付款从未施工工程尚需的主要材料及构件的价值相当于工程预付款数额时起扣，则起扣点（即工程预付款开始扣回时）的累计完成工程金额＝承包工程合同总额－工程预付款总额÷主要材料及构件所占比重；首次扣还数额＝（累计工程款－起扣点数额）×主要材料及构件所占比重；再次扣还数额＝当月工程款×主要材料及构件所占比重 除专用合同条款另有约定外，在颁发工程接收证书前提前解除合同的，尚未扣完的预付款一并与合同价款一起结算

（3）安全文明施工费

《建设工程工程量清单计价规范》GB 50500—2013 第 10.2.2 条规定，发包人应在工程开工后的 28d 内预付不低于当年施工进度计划的安全文明施工费总额的 60%，其余部分应按照提前安排的原则进行分解，并应与进度款同期支付。第 10.2.3 条规定，发包人没有按时支付安全文明施工费的，承包人可催告发包人支付；发包人在付款期满后的 7d 内仍未支付的，若发生安全事故，发包人应承担相应责任。

《建设工程施工合同（示范文本）》GF-2017-0201 第 6.1.6 条规定，安全文明施工费由发包人承担，发包人不得以任何形式扣减该部分费用。若基准日期后合同所适用的法律或政府有关规定发生变化，增加的安全文明施工费由发包人承担。承包人经发包人同意采取合同约定以外的安全措施所产生的费用，由发包人承担。未经发包人同意的，如果该措施避免了发包人的损失，则发包人在避免损失的额度内承担该措施费。如果该措施避免了承包人的损失，由承包人承担该措施费。除专用合同条款另有约定外，发包人应在开工后 28d 内预付安全文明施工费总额的 50%，其余部分与进度款同期支付。

问题 2：

【解答】

（1）第 2 个月发包人应支付给承包人的工程款＝｛［（28.8/2）＋（37.8/3）］×（1＋6%）×（1＋9%）＋［10×（1＋6%）×（1＋9%）－6×70%×（1＋6%）×（1＋9%）］/4｝×90%－28.700/4＝22.409（万元）

【或：第 2 个月发包人应支付给承包人的分部分项工程费用＝28.8/2＋37.8/3＝27（万元）

措施费＝（10－6×70%）/4＝1.45（万元）

第 2 个月发包人应支付给承包人的工程款＝（27＋1.45）×（1＋6%）×（1＋9%）×90%－28.700/4＝22.409（万元）】

（2）截止到第 2 个月末，分部分项工程相关计算：

①拟完工程计划投资＝（28.8＋37.8/2）×（1＋6%）×（1＋9%）＝55.113（万元）

②已完工程计划投资＝（28.8＋37.8/3）×（1＋6%）×（1＋9%）＝47.834（万元）

③工程进度偏差＝已完工程计划投资－拟完工程计划投资＝47.834－55.113＝－7.279（万元）

④B 工作原计划 2～3 月完成，实际 2～4 月完成，导致施工进度滞后 7.279 万元。

细说考点

本案例问题 2 考核的是进度款、进度偏差的计算。相关要点讲解如下：

(1) 进度款（表 4-93）

进度款　　表 4-93

相关规定	《建设工程工程量清单计价规范》GB 50500—2013 规定： 10.3.1　发承包双方应按照合同约定的时间、程序和方法，根据工程计量结果，办理期中价款结算，支付进度款。 10.3.3　已标价工程量清单中的单价项目，承包人应按工程计量确认的工程量与综合单价计算；综合单价发生调整的，以发承包双方确认调整的综合单价计算进度款。 10.3.5　发包人提供的甲供材料金额，应按照发包人签约提供的单价和数量从进度款支付中扣除，列入本周期应扣减的金额中。 10.3.6　承包人现场签证和得到发包人确认的索赔金额应列入本周期应增加的金额中。 10.3.7　进度款的支付比例按照合同约定，按期中结算价款总额计，不低于 60%，不高于 90%。 10.3.8　承包人应在每个计量周期到期后的 7d 内向发包人提交已完工程进度款支付申请一式四份，详细说明此周期自己认为有权得到的款额，包括分包人已完工程的价款。支付申请应包括下列内容： (1) 累计已完成的合同价款； (2) 累计已实际支付的合同价款； (3) 本周期合计完成的合同价款：本周期已完成单价项目的金额；本周期应支付的总价项目的金额；本周期已完成的计日工价款；本周期应支付的安全文明施工费；本周期应增加的金额； (4) 本周期合计应扣减的金额：本周期应扣回的预付款；本周期应扣减的金额； (5) 本周期实际应支付的合同价款
	《建设工程施工合同（示范文本）》GF-2017-0201 第 12.4.2 条规定，除专用合同条款另有约定外，进度付款申请单应包括下列内容： (1) 截至本次付款周期已完成工作对应的金额； (2) 根据第 10 条〔变更〕应增加和扣减的变更金额； (3) 根据第 12.2 款〔预付款〕约定应支付的预付款和扣减的返还预付款； (4) 根据第 15.3 款〔质量保证金〕约定应扣减的质量保证金； (5) 根据第 19 条〔索赔〕应增加和扣减的索赔金额； (6) 对已签发的进度款支付证书中出现错误的修正，应在本次进度付款中支付或扣除的金额； (7) 根据合同约定应增加和扣减的其他金额

续表

支付时间与要求	《建设工程工程量清单计价规范》GB 50500—2013 规定： 10.3.9 发包人应在收到承包人进度款支付申请后的14d内，根据计量结果和合同约定对申请内容予以核实，确认后向承包人出具进度款支付证书。若发承包双方对部分清单项目的计量结果出现争议，发包人应对无争议部分的工程计量结果向承包人出具进度款支付证书。 10.3.10 发包人应在签发进度款支付证书后的14d内，按照支付证书列明的金额向承包人支付进度款。 10.3.11 若发包人逾期未签发进度款支付证书，则视为承包人提交的进度款支付申请已被发包人认可，承包人可向发包人发出催告付款的通知。发包人应在收到通知后的14d内，按照承包人支付申请的金额向承包人支付进度款
	进度款的支付比例按照相关规定为60%～90%，具体取值在背景资料中会给出数据
支付方式	根据双方合同约定，支付方式有按月结算、分段结算、一次性结算。在造价案例分析题中，具体采用何种方法（月中支付、凭证限制与再支付比例限制等），会给出相关信息。值得注意的是，施工过程非承包方原因造成的费用索赔，在认定月与当月结算的工程价款同期支付

注：①截至 n 月末累计已完成工程价款＝1～n 月完成的分项工程价款和措施项目价款

②截至 n 月末累计已实际支付工程价款＝1～n 月实际支付工程价款＋实际支付措施费＋预付款

③业主应支付工程款＝承包人已完成工程款×进度款支付比例－应扣回的预付款

（2）合同价款形成（表4-94）

合同价款形成 **表4-94**

清单计价规范规定	分部分项工程费	分部分项工程费＝工程合同量×分部分项工程综合单价（包括人材机费、管理费和利润）
	措施项目费	分为随工程量变化而进行调整的部分、按项计算部分（安全文明施工费为不可竞争性费用）
	其他项目费	分为暂列项、暂估价、计日工、总承包服务费
	规费	计算基础一般是定额人工费或者分部分项工程费＋措施项目费＋其他项目费之和
	税金	税金＝（分部分项工程费＋措施项目费＋其他项目费＋规费）×税率（不可竞争费用）
	注意：不含税合同价＝$\sum$计价项目费×（1＋规费费率）；含税合同价＝不含税合同价×（1＋税率）	

续表

《建筑安装工程费用项目组成》（建标〔2013〕44号）	按照费用构成要素划分，建筑安装工程费包括：人工费、材料费（包含工程设备）、施工机具使用费、企业管理费、利润、规费和税金。按照工程造价形成，由分部分项工程费、措施项目费、其他项目费、规费和税金组成

（3）偏差分析（表4-95）

偏差分析 **表4-95**

<table>
<tr><td rowspan="4">基本公式</td><td colspan="2">费用偏差（CV）＝已完工程计划费用（BCWP）－已完工程实际费用（ACWP）
其中：
已完工程计划费用（BCWP）＝$\sum$已完工程量（实际工程量）×计划单价
已完工程实际费用（ACWP）＝$\sum$已完工程量（实际工程量）×实际单价
CV＞0，说明工程费用节约；CV＜0，说明工程费用超支；CV＝0，表示费用正常</td></tr>
<tr><td colspan="2">进度偏差（SV）＝已完工程计划费用（BCWP）－拟完工程计划费用（BCWS）
其中：
拟完工程计划费用（BCWS）＝$\sum$拟完工程量（计划工程量）×计划单价
SV＞0，说明工程进度超前；SV＜0，说明工程进度拖后；SV＝0，表示进度正常</td></tr>
<tr><td colspan="2">绝对偏差＝实际费用值－费用计划值</td></tr>
<tr><td colspan="2">$费用相对偏差=\frac{绝对偏差}{费用计划值}=\frac{费用计划值-费用实际值}{费用计划值}$</td></tr>
<tr><td>偏差分析方法</td><td>曲线法</td><td>横坐标表示时间，纵坐标表示累计完成的工程数量或造价，考试中可能会要求根据计算数据绘制 a、b、p 三条S形曲线，利用这三条曲线检查日期的 a、b 曲线对应点的横坐标就是进度偏差，p、b 曲线对应点的纵坐标就是费用偏差
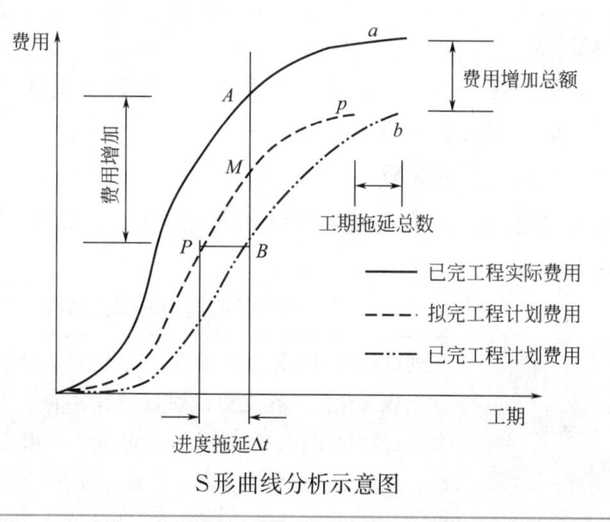

S形曲线分析示意图</td></tr>
</table>

续表

偏差分析方法	横道图法	用不同的横道线标识已完工程计划费用、拟完工程计划费用和已完工程实际费用，横道线的长度与其数值成正比，然后，再根据前述数据分析费用偏差和进度偏差
	时标网络图法	依据时标网络图得出每一时间段拟完工程计划费用，然后依据实际工作完成情况得出已完工程实际费用，再分析时标网络图中的实际进度前锋线，计算得出每一时间段已完工程计划费用，就可分析费用偏差和进度偏差

问题3：

【解答】

(1) 分部分项工程C的综合单价的计算：

①材料C1实际采购价（不含税）=70/(1+3%)=67.96(元/m^2),(67.96−60)/60=13.27%>5%,因此调整材料C1的综合单价。

②材料C1的单价可调整额=[67.96−60×(1+5%)]×(1+12%)=5.56(元/m^2)

③调整的材料C1的综合单价=（280+5.56×1250/1200）=285.79（元/m^2）

(2) 分部分项工程C的销项税额、可抵扣进项税额和应纳增值税额的计算：

①分部分项工程C的销项税额=285.79×1200/10000×（1+6%）×9%=3.272（万元）

②分部分项工程C的可抵扣进项税额=2.1+67.96×3%×1250/10000=2.355（万元）

【或：分部分项工程C的可抵扣进项税额=2.1+（70−67.96）×1250/10000=2.355（万元）

分部分项工程C的可抵扣进项税额=2.1+70/（1+3%）×3%×1250/10000=2.355（万元）】

③分部分项工程C的应纳增值税额=3.272−2.355=0.917（万元）

细说考点

本案例问题3考核的是综合单价的调整及销项税额、可抵扣进项税额和应纳增值税额的计算。相关要点讲解如下：

(1) 合同价款的调整

根据《建设工程工程量清单计价规范》GB 50500—2013，合同价款调整的相关内容见表4-96。

合同价款调整的相关内容 **表4-96**

一般规定	下列事项（但不限于）发生，发承包双方应当按照合同约定调整合同价款：法律法规变化；工程变更；项目特征不符；工程量清单缺项；工程量偏差；计日工；物价变化；暂估价；不可抗力；提前竣工（赶工补偿）；误期赔偿；索赔；现场签证；暂列金额；发承包双方约定的其他调整事项。

续表

一般规定	出现合同价款调增事项（不含工程量偏差、计日工、现场签证、索赔）后的14d内，承包人应向发包人提交合同价款调增报告并附上相关资料；承包人在14d内未提交合同价款调增报告的，应视为承包人对该事项不存在调整价款请求。 出现合同价款调减事项（不含工程量偏差、索赔）后的14d内，发包人应向承包人提交合同价款调减报告并附相关资料；发包人在14d内未提交合同价款调减报告的，应视为发包人对该事项不存在调整价款请求。 发（承）包人应在收到承（发）包人合同价款调增（减）报告及相关资料之日起14d内对其核实，予以确认的应书面通知承（发）包人。当有疑问时，应向承（发）包人提出协商意见。发（承）包人在收到合同价款调增（减）报告之日起14d内未确认也未提出协商意见的，应视为承（发）包人提交的合同价款调增（减）报告已被发（承）包人认可。发（承）包人提出协商意见的，承（发）包人应在收到协商意见后的14d内对其核实，予以确认的应书面通知发（承）包人。承（发）包人在收到发（承）包人的协商意见后14d内既不确认也未提出不同意见的，应视为发（承）包人提出的意见已被承（发）包人认可。 发包人与承包人对合同价款调整的不同意见不能达成一致的，只要对发承包双方履约不产生实质影响，双方应继续履行合同义务，直到其按照合同约定的争议解决方式得到处理。 经发承包双方确认调整的合同价款，作为追加（减）合同价款，应与工程进度款或结算款同期支付
法律法规变化引起合同价款的调整	(1) 招标工程以投标截止日前28d、非招标工程以合同签订前28d为基准日，其后因国家的法律、法规、规章和政策发生变化引起工程造价增减变化的，发承包双方应按照省级或行业建设主管部门或其授权的工程造价管理机构据此发布的规定调整合同价款 (2) 因承包人原因导致工期延误的，按第(1)项规定的调整时间，在合同工程原定竣工时间之后，合同价款调增的不予调整，合同价款调减的予以调整
工程变更引起合同价款的调整	(1) 因工程变更引起已标价工程量清单项目或其工程数量发生变化时，应按照下列规定调整： ①已标价工程量清单中有适用于变更工程项目的，应采用该项目的单价，但当工程变更导致该清单项目的工程数量发生变化，且工程量偏差超过15%时，可以进行调整。当工程量增加15%以上时，增加部分的工程量的综合单价应予调低；当工程量减少15%以上时，减少后剩余部分的工程量的综合单价应予调高。 ②已标价工程量清单中没有适用但有类似于变更工程项目的，可在合理范围内参照类似项目的单价。 ③已标价工程量清单中没有适用也没有类似于变更工程项目的，应由承包人根据变更工程资料、计量规则和计价办法、工程造价管理机构发布的信息

续表

工程变更引起合同价款的调整	价格和承包人报价浮动率提出变更工程项目的单价，并应报发包人确认后调整。承包人报价浮动率可按下列公式计算： 招标工程：承包人报价浮动率 $L=$（1－中标价/招标控制价）×100% 非招标工程：承包人报价浮动率 $L=$（1－报价值/施工图预算）×100% ④已标价工程量清单中没有适用也没有类似于变更工程项目，且工程造价管理机构发布的信息价格缺价的，应由承包人根据变更工程资料、计量规则、计价办法和通过市场调查等取得有合法依据的市场价格提出变更工程项目的单价，并应报发包人确认后调整。 （2）工程变更引起施工方案改变并使措施项目发生变化时，承包人提出调整措施项目费的，应事先将拟实施的方案提交发包人确认，并应详细说明与原方案措施项目相比的变化情况。拟实施的方案经发承包双方确认后执行，并应按照下列规定调整措施项目费： ①安全文明施工费应按照实际发生变化的措施项目计算。依据“措施项目中的安全文明施工费必须按国家或省级、行业建设主管部门的规定计算，不得作为竞争性费用”的规定。 ②采用单价计算的措施项目费，应按照实际发生变化的措施项目，按第①条的规定确定单价。 ③按总价（或系数）计算的措施项目费，按照实际发生变化的措施项目调整，但应考虑承包人报价浮动因素，即调整金额按照实际调整金额乘以第①条规定的承包人报价浮动率计算。如果承包人未事先将拟实施的方案提交给发包人确认，则应视为工程变更不引起措施项目费的调整或承包人放弃调整措施项目费的权利。 （3）当发包人提出的工程变更因非承包人原因删减了合同中的某项原定工作或工程，致使承包人发生的费用或（和）得到的收益不能被包括在其他已支付或应支付的项目中，也未被包含在任何替代的工作或工程中时，承包人有权提出并应得到合理的费用及利润补偿
项目特征不符引起合同价款的调整	（1）发包人在招标工程量清单中对项目特征的描述，应被认为是准确的和全面的并且与实际施工要求相符合。承包人应按照发包人提供的招标工程量清单，根据项目特征描述的内容及有关要求实施合同工程，直到项目被改变为止。 （2）承包人应按照发包人提供的设计图纸实施合同工程，若在合同履行期间出现设计图纸（含设计变更）与招标工程量清单任一项目的特征描述不符，且该变化引起该项目工程造价增减变化的，应按实际施工的项目特征，根据“工程变更引起合同价款的调整”的相关规定重新确定相应工程量清单项目的综合单价，并调整合同价款
工程量清单缺项引起合同价款的调整	（1）合同履行期间，由于招标工程量清单中缺项，新增分部分项工程清单项目的，应按照“工程变更引起合同价款的调整”的规定确定单价，并调整合同价款。

续表

项目特征不符引起合同价款的调整	（2）新增分部分项工程清单项目后，引起措施项目发生变化的，应按照“工程变更引起合同价款的调整”的规定，在承包人提交的实施方案被发包人批准后调整合同价款。 （3）由于招标工程量清单中措施项目缺项，承包人应将新增措施项目实施方案提交发包人批准后，按照“工程变更引起合同价款的调整”的规定调整合同价款
工程量偏差引起合同价款的调整	合同履行期间，当应予计算的实际工程量与招标工程量清单出现偏差，且符合以下规定时，发承包双方应调整合同价款： （1）对于任一招标工程量清单项目，当因工程量偏差原因导致工程量偏差超过15%时，可进行调整。当工程量增加15%以上时，增加部分的工程量的综合单价应予调低；当工程量减少15%以上时，减少后剩余部分的工程量的综合单价应予调高。 （2）当工程量出现第（1）条的变化，且该变化引起相关措施项目相应发生变化时，按系数或单一总价方式计价的，工程量增加的措施项目费调增，工程量减少的措施项目费调减
计日工引起合同价款的调整	（1）发包人通知承包人以计日工方式实施的零星工作，承包人应予执行。 （2）采用计日工计价的任何一项变更工作，在该项变更的实施过程中，承包人应按合同约定提交下列资料和有关凭证送发包人复核：工作名称、内容和数量；投入该工作所有人员的姓名、工种、级别和耗用工时；投入该工作的材料名称、类别和数量；投入该工作的施工设备型号、台数和耗用台时；发包人要求提交的其他资料和凭证。 （3）任一计日工项目持续进行时，承包人应在该项工作实施结束后的24h内向发包人提交有计日工记录汇总的现场签证报告一式三份。发包人在收到承包人提交现场签证报告后的2d内予以确认并将其中一份返还给承包人，作为计日工计价和支付的依据。发包人逾期未确认也未提出修改意见的，应视为承包人提交的现场签证报告已被发包人认可。 （4）任一计日工项目实施结束后，承包人应按照确认的计日工现场签证报告核实该类项目的工程数量，并应根据核实的工程数量和承包人已标价工程量清单中的计日工单价计算，提出应付价款；已标价工程量清单中没有该类计日工单价的，由发承包双方按“工程变更引起合同价款的调整”的规定商定计日工单价计算。 （5）每个支付期末，承包人应按照规定向发包人提交本期间所有计日工记录的签证汇总表，并应说明本期间自己认为有权得到的计日工金额，调整合同价款，列入进度款支付
物价变化引起合同价款的调整	（1）合同履行期间，因人工、材料、工程设备、机械台班价格波动影响合同价款时，应根据合同约定，按以下方法之一调整合同价款。 ①采用价格指数调整价格差额（价格调整公式）

续表

物价变化引起合同价款的调整	因人工、材料、工程设备和施工机械台班等价格波动影响合同价款时，应根据投标函附录中的价格指数和权重表约定的数据，按以下价格调整公式计算差额并调整合同价款： $\Delta P=P_{0}\left[A+\left(B_{1}\times\frac{F_{t1}}{F_{01}}+B_{2}\times\frac{F_{t2}}{F_{02}}+B_{3}\times\frac{F_{t3}}{F_{03}}+\cdots+B_{n}\times\frac{F_{tn}}{F_{0n}}\right)-1\right]$ 式中 ΔP——需调整的价格差额； P_0——根据进度付款、竣工付款和最终结清等付款证书中，承包人应得到的已完成工程量的金额，此项金额应不包括价格调整、不计质量保证金的扣留和支付、预付款的支付和扣回，变更及其他金额已按现行价格计价的，也不计在内； A——定值权重（即不调部分的权重）； B_1，B_2，B_3，…，B_n——各可调因子的变值权重（即可调部分的权重）为各可调因子在投标函投标总报价中所占的比例； F_{t1}，F_{t2}，F_{t3}，…，F_{tn}——各可调因子的现行价格指数，指根据进度付款、竣工付款和最终结清等约定的付款证书相关周期最后一天的前 42d 的各可调因子的价格指数； F_{01}，F_{02}，F_{03}，…，F_{0n}——各可调因子的基本价格指数，指基准日的各可调因子的价格指数。 在计算调整差额时得不到现行价格指数的，可暂用上一次价格指数计算，并在以后的付款中再按实际价格指数进行调整。约定的变更导致原定合同中的权重不合理时，由承包人和发包人协商后进行调整。由于承包人原因未在约定的工期内竣工的，对原约定竣工日期后继续施工的工程，在使用价格调整公式时，应采用原约定竣工日期与实际竣工日期的两个价格指数中较低的一个作为现行价格指数。 ②采用造价信息调整价格差额 施工期内，因人工、材料和工程设备、施工机械台班价格波动影响合同价格时，人工、机械使用费按照国家或省、自治区、直辖市建设行政管理部门、行业建设管理部门或其授权的工程造价管理机构发布的人工成本信息、机械台班单价或机械使用费系数进行调整；需要进行价格调整的材料，其单价和采购数应由发包人复核，发包人确认需调整的材料单价及数量，作为调整合同价款差额的依据。 人工单价发生变化且符合合同价款调整因素规定的条件时，发承包双方应按省级或行业建设主管部门或其授权的工程造价管理机构发布的人工成本文件调整合同价款。 材料、工程设备价格变化，由发承包双方约定的风险范围按下列规定调整合同价款： a.承包人投标报价中材料单价低于基准单价：施工期间材料单价涨幅以基准单价为基础超过合同约定的风险幅度值，或材料单价跌幅以投标报价为基础

续表

物价变化引起合同价款的调整	超过合同约定的风险幅度值时，其超过部分按实调整。 b.承包人投标报价中材料单价高于基准单价：施工期间材料单价跌幅以基准单价为基础超过合同约定的风险幅度值，或材料单价涨幅以投标报价为基础超过合同约定的风险幅度值时，其超过部分按实调整。 c.承包人投标报价中材料单价等于基准单价：施工期间材料单价涨、跌幅以基准单价为基础超过合同约定的风险幅度值时，其超过部分按实调整。 d.承包人应在采购材料前将采购数量和新的材料单价报送发包人核对，确认用于本合同工程时发包人应确认采购材料的数量和单价。发包人在收到承包人报送的确认资料后3个工作日不予答复的视为已经认可，作为调整合同价款的依据。如果承包人未报请发包人核对即自行采购材料，再报发包人确认调整合同价款的，如发包人不同意，则不作调整。 施工机械台班单价或施工机械使用费发生变化超过省级或行业建设主管部门或其授权的工程造价管理机构规定的范围时，按其规定调整合同价款。 (2) 承包人采购材料和工程设备的，应在合同中约定主要材料、工程设备价格变化的范围或幅度；当没有约定，且材料、工程设备单价变化超过5%时，超过部分的价格应按照以上的方法计算调整材料、工程设备费。 (3) 发生合同工程工期延误的，应按照下列规定确定合同履行期的价格调整： ①因非承包人原因导致工期延误的，计划进度日期后续工程的价格，应采用计划进度日期与实际进度日期两者的较高者。 ②因承包人原因导致工期延误的，计划进度日期后续工程的价格，应采用计划进度日期与实际进度日期两者的较低者。 (4) 发包人供应材料和工程设备的，不适用以上规定，应由发包人按照实际变化调整，列入合同工程的工程造价内
暂估价引起合同价款的调整	(1) 发包人在招标工程量清单中给定暂估价的材料、工程设备属于依法必须招标的，应由发承包双方以招标的方式选择供应商，确定价格，并应以此为依据取代暂估价，调整合同价款。 (2) 发包人在招标工程量清单中给定暂估价的材料、工程设备不属于依法必须招标的，应由承包人按照合同约定采购，经发包人确认单价后取代暂估价，调整合同价款。 (3) 发包人在工程量清单中给定暂估价的专业工程不属于依法必须招标的，应按照“工程变更引起合同价款的调整”的规定确定专业工程价款，并应以此为依据取代专业工程暂估价，调整合同价款。 (4) 发包人在招标工程量清单中给定暂估价的专业工程依法必须招标的，应当由发承包双方依法组织招标，选择专业分包人，接受有管辖权的建设工程招标投标管理机构的监督，还应符合下列要求： ①除合同另有约定外，承包人不参加投标的专业工程发包招标，应由承包人作为招标人，但拟定的招标文件、评标工作、评标结果应报送发包人批准。与组织招标工作有关的费用应当被认为已经包括在承包人的签约合同价（投标总报价）中。

续表

暂估价引起合同价款的调整	②承包人参加投标的专业工程发包招标，应由发包人作为招标人，与组织招标工作有关的费用由发包人承担。同等条件下，应优先选择承包人中标。 ③应以专业工程发包中标价为依据取代专业工程暂估价，调整合同价款
不可抗力引起合同价款的调整	（1）因不可抗力事件导致的人员伤亡、财产损失及其费用增加，发承包双方应按下列原则分别承担并调整合同价款和工期： ①合同工程本身的损害、因工程损害导致第三方人员伤亡和财产损失以及运至施工场地用于施工的材料和待安装的设备的损害，应由发包人承担。 ②发包人、承包人人员伤亡应由其所在单位负责，并应承担相应费用。 ③承包人的施工机械设备损坏及停工损失，应由承包人承担。 ④停工期间，承包人应发包人要求留在施工场地的必要的管理人员及保卫人员的费用应由发包人承担。 ⑤工程所需清理、修复费用，应由发包人承担。 （2）不可抗力解除后复工的，若不能按期竣工，应合理延长工期。发包人要求赶工的，赶工费用应由发包人承担。 （3）因不可抗力解除合同的，应按合同解除的价款结算与支付的规定办理
提前竣工（赶工补偿）引起合同价款的调整	（1）招标人应依据相关工程的工期定额合理计算工期，压缩的工期天数不得超过定额工期的20%，超过者，应在招标文件中明示增加赶工费用。 （2）发包人要求合同工程提前竣工的，应征得承包人同意后与承包人商定采取加快工程进度的措施，并应修订合同工程进度计划。发包人应承担承包人由此增加的提前竣工（赶工补偿）费用。 （3）发承包双方应在合同中约定提前竣工每日历天应补偿额度，此项费用应作为增加合同价款列入竣工结算文件中，应与结算款一并支付
误期赔偿引起合同价款的调整	（1）承包人未按照合同约定施工，导致实际进度迟于计划进度的，承包人应加快进度，实现合同工期。合同工程发生误期，承包人应赔偿发包人由此造成的损失，并应按照合同约定向发包人支付误期赔偿费。即使承包人支付误期赔偿费，也不能免除承包人按照合同约定应承担的任何责任和应履行的任何义务。 （2）发承包双方应在合同中约定误期赔偿费，并应明确每日历天应赔额度。误期赔偿费应列入竣工结算文件中，并应在结算款中扣除。 （3）在工程竣工之前，合同工程内的某单项（位）工程已通过了竣工验收，且该单项（位）工程接收证书中表明的竣工日期并未延误，而是合同工程的其他部分产生了工期延误时，误期赔偿费应按照已颁发工程接收证书的单项（位）工程造价占合同价款的比例幅度予以扣减
索赔引起合同价款的调整	（1）承包人要求赔偿时，可以选择下列一项或几项方式获得赔偿：延长工期；要求发包人支付实际发生的额外费用；要求发包人支付合理的预期利润；要求发包人按合同的约定支付违约金。 （2）当承包人的费用索赔与工期索赔要求相关联时，发包人在作出费用索赔的批准决定时，应结合工程延期，综合作出费用赔偿和工程延期的决定。

续表

索赔引起合同价款的调整	(3) 发承包双方在按合同约定办理了竣工结算后，应被认为承包人已无权再提出竣工结算前所发生的任何索赔。承包人在提交的最终结清申请中，只限于提出竣工结算后的索赔，提出索赔的期限应自发承包双方最终结清时终止。 (4) 根据合同约定，发包人认为由于承包人的原因造成发包人的损失，宜按承包人索赔的程序进行索赔。 (5) 发包人要求赔偿时，可以选择下列一项或几项方式获得赔偿：延长质量缺陷修复期限；要求承包人支付实际发生的额外费用；要求承包人按合同的约定支付违约金。 (6) 承包人应付给发包人的索赔金额可从拟支付给承包人的合同价款中扣除，或由承包人以其他方式支付给发包人
现场签证引起合同价款的调整	(1) 承包人应发包人要求完成合同以外的零星项目、非承包人责任事件等工作的，发包人应及时以书面形式向承包人发出指令，并应提供所需的相关资料；承包人在收到指令后，及时向发包人提出现场签证要求。 (2) 承包人应在收到发包人指令后的7d内向发包人提交现场签证报告，发包人应在收到现场签证报告后的48h内对报告内容进行核实，予以确认或提出修改意见。发包人在收到承包人现场签证报告后的48h内未确认也未提出修改意见的，应视为承包人提交的现场签证报告已被发包人认可。 (3) 现场签证的工作如已有相应的计日工单价，现场签证中应列明完成该类项目所需的人工、材料、工程设备和施工机械台班的数量；如现场签证的工作没有相应的计日工单价，应在现场签证报告中列明完成该签证工作所需的人工、材料设备和施工机械台班的数量及单价。 (4) 合同工程发生现场签证事项，未经发包人签证确认，承包人便擅自施工的，除非征得发包人书面同意，否则发生的费用应由承包人承担。 (5) 现场签证工作完成后的7d内，承包人应按照现场签证内容计算价款，报送发包人确认后，作为增加合同价款，与进度款同期支付。 (6) 在施工过程中，当发现合同工程内容因场地条件、地质水文、发包人要求等不一致时，承包人应提供所需的相关资料，并提交发包人签证认可，作为合同价款调整的依据
暂列金额引起合同价款的调整	招标人在工程量清单中暂定并包括在合同价款中的一笔款项，用于工程合同签订时尚未确定或者不可预见的所需材料、工程设备、服务的采购，施工中可能发生的工程变更、合同约定调整因素出现时的合同价款调整以及发生的索赔、现场签证确认等的费用。已签约合同价中的暂列金额应由发包人掌握使用。发包人按照合同的规定支付后，暂列金额余额归发包人所有

(2) 增值税的计算

增值税是以商品（含应税劳务）在流转过程中产生的增值额作为计税依据而征收的一种流转税，实行价外税。城市维护建设税、教育费附加作为增值税的附加税。

增值税应纳税额＝当期销项税额－当期进项税额。其中，销项税额＝销售额×税率，销售额＝含税销售额÷（1＋税率）。销项税额是指纳税人提供应税服务按照销售额和增值税税率计算的增值税额。进项税额是指纳税人购进货物或者接受加工修理修配劳务和应税服务，支付或者负担的增值税税额。

纳税人分为一般纳税人和小规模纳税人，其中，建筑业年销售额在500万元以下的企业为小规模纳税人，建筑业年销售额在500万元以上的企业为一般纳税人。

增值税的计税方法，包括一般计税方法和简易计税方法。

①简易计税方法的应纳税额，是指按照销售额和增值税征收率计算的增值税额，不得抵扣进项税额。应纳税额计算公式：应纳税额＝销售额×征收率。采用简易计税方法的情形：小规模纳税人发生应税行为；一般纳税人以清包工方式提供的建筑服务；一般纳税人为甲供工程提供的建筑服务；一般纳税人为建筑工程老项目提供的建筑服务。

当采用简易计税方法时，建筑业增值税税率为3%。计算公式为：增值税＝税前造价×3%。税前造价＝人工费＋材料费＋施工机具使用费＋企业管理费＋利润＋规费（各费用项目均以包含增值税进项税额的含税价格计算）。

②一般纳税人发生应税行为适用一般计税方法计税。一般计税方法的应纳税额，是指当期销项税额抵扣当期进项税额后的余额。应纳税额计算公式：应纳税额＝当期销项税额－当期进项税额。当期销项税额＜当期进项税额，不足抵扣时，其不足部分可以结转下期继续抵扣。销项税额计算公式：销项税额＝销售额×税率。

当建筑业采用一般计税方法时，增值税税率为9%。计算公式：

增值税＝税前造价×9%，税前造价＝人工费＋材料费＋施工机具使用费＋企业管理费＋利润＋规费（各费用项目均以不包含增值税可抵扣进项税额的价格计算）

问题4：

【解答】

（1）该工程实际总造价（含税）比签约合同价（含税）增加（或减少）的计算：

①该工程实际总造价＝（28.8＋37.8＋1200×285.79/10000＋20＋10）×（1＋6%）×（1＋9%）＋4＝155.236（万元）

②该工程签约合同价＝156.210（万元）

③该工程实际总造价－该工程签约合同价＝155.236－156.210＝－0.974（万元），因此，实际总造价（含税）比签约合同价（含税）减少了0.974万元。

（2）发包人应支付给承包人的结算尾款＝155.236×（1－3%）－110－28.700＝11.879（万元）

细说考点

本案例问题 4 考核的是竣工结算额的计算。相关要点讲解如下：

(1) 竣工验收条件

《建设工程施工合同（示范文本）》GF-2017-0201 第 13.2.1 条规定，工程具备以下条件的，承包人可以申请竣工验收：

①除发包人同意的甩项工作和缺陷修补工作外，合同范围内的全部工程以及有关工作，包括合同要求的试验、试运行以及检验均已完成，并符合合同要求；

②已按合同约定编制了甩项工作和缺陷修补工作清单以及相应的施工计划；

③已按合同约定的内容和份数备齐竣工资料。

(2) 竣工结算申请

《建设工程施工合同（示范文本）》GF-2017-0201 第 14.1 条规定，除专用合同条款另有约定外，承包人应在工程竣工验收合格后 28d 内向发包人和监理人提交竣工结算申请单。

除专用合同条款另有约定外，竣工结算申请单应包括以下内容：

①竣工结算合同价格；

②发包人已支付承包人的款项；

③应扣留的质量保证金。已缴纳履约保证金的或提供其他工程质量担保方式的除外；

④发包人应支付承包人的合同价款。

(3) 竣工结算要求

《建设工程工程量清单计价规范》GB 50500—2013 规定：

①分部分项工程和措施项目中的单价项目应依据发承包双方确认的工程量与已标价工程量清单的综合单价计算；发生调整的，应以发承包双方确认调整的综合单价计算。

②措施项目中的总价项目应依据已标价工程量清单的项目和金额计算；发生调整的，应以发承包双方确认调整的金额计算，其中安全文明施工费应按《建设工程工程量清单计价规范》(GB 50500—2013) 第 3.1.5 条的规定计算。

③其他项目应按下列规定计价：

a. 计日工应按发包人实际签证确认的事项计算。

b. 暂估价应按《建设工程工程量清单计价规范》GB 50500—2013 的规定计算。

c. 总承包服务费应依据已标价工程量清单的金额计算；发生调整的，应以发承包双方确认调整的金额计算。

d. 索赔费用应依据发承包双方确认的索赔事项和金额计算。

e. 现场签证费用应依据发承包双方签证资料确认的金额计算。

f. 暂列金额应减去合同价款调整（包括索赔、现场签证）金额计算，如有余额归发包人。

④规费和税金应按《建设工程工程量清单计价规范》GB 50500—2013 第 3.1.6 条的规定计算。规费中的工程排污费应按工程所在地环境保护部门规定的标准缴纳后按实列入。

⑤发承包双方在合同工程实施过程中已经确认的工程计量结果和合同价款，在竣工结算办理中应直接进入结算。

赶工费用主要包括：人工费的增加、材料费的增加、机械费的增加。

(4) 总造价与结算款的计算

实际总造价＝签约合同价＋合同价调整额

工程款总额＝实际总造价×（1－质保金比例）

竣工结算款＝实际总造价×（1－质保金比例）－（实际总造价－结算时支付款项）×进度款支付比例＝实际总造价×（1－质保金比例）－（已支付工程款＋已支付工程预付款）

(5) 最终结清

《建设工程工程量清单计价规范》GB 50500—2013 规定，发包人应在签发最终结清支付证书后的 14d 内，按照最终结清支付证书列明的金额向承包人支付最终结清款。发包人未在约定的时间内核实，又未提出具体意见的，应视为承包人提交的最终结清支付申请已被发包人认可。发包人未按期最终结清支付的，承包人可催告发包人支付，并有权获得延迟支付的利息。最终结清时，承包人被预留的质量保证金不足以抵减发包人工程缺陷修复费用的，承包人应承担不足部分的补偿责任。

【例题二】

背景资料：

某工程合同工期为 37d，合同价为 360 万元，采用清单计价模式下的单价合同，分部分项工程量清单项目单价、措施项目单价均采用承包商的报价，规费为人材机费和管理费与利润之和的 3.3%，增值税销项税为 9%。业主草拟的部分施工合同条款内容如下：

(1) 当分部分项工程量清单项目中工程量的变化幅度在 10%以上时，可以调整综合单价。调整方法是：由监理工程师提出新的综合单价，经业主批准后调整合同价格。

(2) 安全文明施工措施费根据分部分项工程量清单项目工程量的变化幅度按比例调整，专业工程措施费不予调整。

(3) 材料实际购买价格与招标文件中列出的材料暂估价相比，变化幅度不超过 10%时，价格不予调整，超过 10%时，可以按实际价格调整。

(4) 如果施工过程中发生极其恶劣的不利自然条件，工期可以顺延，损失费用均由承包商承担。

在工程开工前，承包商提交了施工网络进度计划，如图 4-21 所示，并得到监理工程师的批准。

施工过程中发生了如下事件。

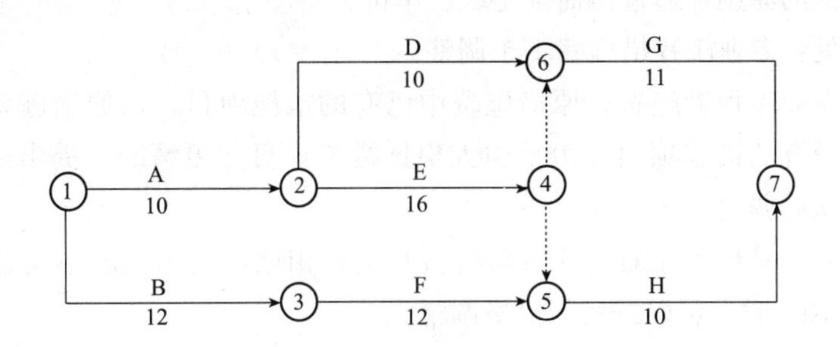

图 4-21 施工网络进度计划（时间单位：d）

事件 1：清单中工作 D 的综合单价为 450 元/m^3。在工作 D 开始之前，设计单位修改了设计，工作 D 的工程量由清单工程量 4000m^3 增加到 4800m^3，工作 D 工程量的增加导致相应措施费用增加 2500 元。

事件 2：在工作 E 施工中，承包商采购了业主推荐的某设备制造厂生产的工程设备，设备到场后检验发现缺少一关键配件，使该设备无法正常安装，导致工作 E 作业时间拖延 2d，窝工人工费损失 2000 元，窝工机械费损失 1500 元。

事件 3：工作 H 是一项装饰工程，其饰面石材由业主从外地采购，由石材厂家供货至现场。但因石材厂所在地连续多天遭遇季节性大雨，使得石材运至现场的时间拖延，造成工作 H 晚开始 5d，窝工人工费损失 8000 元，窝工机械费损失 3000 元。

问题：

1. 该施工网络进度计划的关键工作有哪些？工作 H 的总时差为几天？

2. 指出业主草拟的合同条款中有哪些不妥之处，简要说明如何修改。

3. 对于事件 1，经业主与承包商协商确定，工作 D 全部工程量按综合单价 430 元/m^3 结算。承包商可增加的工程价款是多少？可增加的工期是多少？

4. 对于事件 2，承包商是否可向业主进行工期和费用索赔？为什么？若可以索赔，工期和费用索赔各是多少？

5. 对于事件 3，承包商是否可向业主进行工期和费用索赔？为什么？若可以索赔，工期和费用索赔各是多少？

参考答案：

1. 通过计算各线路的持续时间之和可知，关键线路为①→②→④→⑥→⑦，关键工作为 A、E、G；工作 H 的总时差＝37－36＝1（d）。

2. 业主草拟的合同条款中的不妥之处及其修改如下：

（1）不妥之处：当分部分项工程量清单项目中工程量的变化幅度在 10%以上时，可以调整综合单价。

修改：根据《建设工程工程量清单计价规范》GB 50500—2013，当分部分项工程量清单项目中工程量的变化幅度在 15%以上时，可以调整综合单价。

（2）不妥之处：由监理工程师提出新的综合单价，经业主批准后调整合同价格。

修改：根据《建设工程工程量清单计价规范》GB 50500—2013，当分部分项工程量清单项目中工程量的变化幅度在 15%以上时，超出幅度以上的工程量，应由发、承包双方按照合理成本加利润的原则，通过协商确定综合单价。

（3）不妥之处：专业工程措施费不予调整。

修改：对于专业工程措施费，原措施费中已有的措施项目，按原措施费的组价方法调整；原措施费中没有的措施项目，由承包人根据措施项目变更情况，提出适当的措施费变更，经发包人确认后调整。

（4）不妥之处：材料实际购买价格与材料暂估价相比，变化幅度不超过10%时，价格不予调整，超过10%时，可以按实际价格调整。

修改：当材料实际购买价格与材料暂估价相比，变化幅度不超过5%时，可以调整合同价款，按发承包双方最终确认价在综合单价中调整。

（5）不妥之处：损失费用均由承包商承担。

修改：结算时，暂估价的材料按照发承包方最终认可的价格计入相应的综合单价。

3.承包商可增加的工程价款＝(4800×430－4000×450＋2500)×(1＋3.3%)×(1＋9%)＝300071.01（元）。

不能增加工期。

理由：工作D延长的时间＝(4800－4000)/4000×10＝2（d）；工作D的总时差＝37－31＝6（d），由于工作D延长的时间小于工作D的总时差，且工作D为非关键工作，因此不能增加工期。

4.对于事件2，承包商不可以向业主进行工期和费用索赔。

理由：业主只是推荐设备制造厂，采购设备的合同是由承包商和设备制造厂签订，并承担相应风险。因此，设备出现问题的责任应由承包商承担。

5.对于事件3，承包商可向业主进行工期和费用索赔。

理由：业主供应的材料拖延的责任应该由业主承担，且工作H的总时差为1d，拖延5d超过出其总时差，影响工期4d。

工期索赔额＝延误的时间－总时差＝5－(37－36)＝4（d）。

费用索赔额＝(8000＋3000)×(1＋3.3%)×(1＋9%)＝12385.67（元）。